Becoming a Data Head: How to Think, Speak, and Understand Data Science, Statistics, and Machine Learning

像数据达人一样思考和沟通

数据科学、统计学与机器学习极简入门

[美] 亚历克斯 · J.古特曼（Alex J. Gutman）
[美] 乔丹 · 哥德梅尔（Jordan Goldmeier） 著
李文菲 筴硕 译

清華大學出版社
北京

北京市版权局著作权合同登记号 图字：01-2023-4477

图书在版编目(CIP)数据

像数据达人一样思考和沟通：数据科学、统计学与机器学习极简入门/(美)亚历克斯·J.古特曼(Alex J. Gutman)，(美)乔丹·哥德梅尔(Jordan Goldmeier)著；李文菲，筊硕译. —北京：清华大学出版社，2023.7
ISBN 978-7-302-64317-3

Ⅰ. ①像… Ⅱ. ①亚… ②乔… ③李… ④筊… Ⅲ. ①数据处理 ②统计学 ③机器学习 Ⅳ. ①TP274 ②C8 ③TP181

中国国家版本馆 CIP 数据核字(2023)第 144366 号

责任编辑：薛 杨
封面设计：刘 键
责任校对：申晓焕
责任印制：宋 林

出版发行：清华大学出版社
网　　址：http://www.tup.com.cn，http://www.wqbook.com
地　　址：北京清华大学学研大厦 A 座　　**邮　　编**：100084
社 总 机：010-83470000　　**邮　　购**：010-62786544
投稿与读者服务：010-62776969，c-service@tup.tsinghua.edu.cn
质量反馈：010-62772015，zhiliang@tup.tsinghua.edu.cn
课件下载：http://www.tup.com.cn，010-83470236
印 装 者：三河市铭诚印务有限公司
经　　销：全国新华书店
开　　本：145mm×210mm　　**印　张**：9.5　　**字　数**：248 千字
版　　次：2023 年 9 月第 1 版　　**印　次**：2023 年 9 月第 1 次印刷
定　　价：68.00 元

产品编号：095498-01

推荐序

托马斯·H.达文波特（Thomas H. Davenport）
美国巴布森学院（Babson College）著名管理学教授
著有《大数据竞争力》《成为数据分析师》等多部畅销书

考虑到当下商业机构内部数据及其分析的种种现状，《像数据达人一样思考和沟通》可说是恰逢其时。首先短暂地回顾一下近年的历史：自 1970 年起，几十年来，一些眼光超前的公司已能有效地利用数据和分析方法来指导其决策和行动。而绝大多数公司却忽略了数据这一重要资源，或者任其“堆砌”，不加以重视，导致这些数据鲜有人问津。

但在 21 世纪初，情况开始发生变化，更多的公司开始认识到，数据和分析中蕴含着足以改善公司业务状况的潜力，并对此跃跃欲试。2010 年代初，“大数据”的概念最令人振奋：这一概念最初来自互联网行业，但已经开始出现在更广泛的经济领域中。为了应对不断增长的数据量和数据复杂度，公司中出现了“数据科学家”这一职位。同样，这个职位首先是在硅谷的 IT 公司中流行，然后扩展到世界各地的各行各业。

然而，正当公司开始适应大数据的概念时，风潮却又一次发生转向。2015—2018 年，人们将目光重新投向了人工智能。大数据收集、存储和分析开始让位于机器学习、自然语言处理和自动化。

在这些快速转变的焦点背后,隐含着的是人们关于商业机构内部数据及其分析的一系列设想。我很高兴看到《像数据达人一样思考和沟通》没有拘泥于人们设想的这些固有观念。随着相关知识和技术的普及,许多身处其中或密切观察这阵风潮的人也都开始承认,这些设想无益于提高生产力,反而往往将人们引向错误的方向。在推荐序的剩余部分,我将列出 5 个常见而又彼此关联的固有观念,并说明本书的观点如何有力地反驳了它们。

固有观念 1:数据分析、大数据和人工智能是全然不同的事物。

对于许多旁观者而言,传统数据分析、大数据和人工智能是全然不同,且毫不相关的事物。然而,《像数据达人一样思考和沟通》这本书将要匡正这样的认知,并指出这 3 个领域事实上是高度相关的。它们都涉及统计思维,而一些传统的分析方法,例如回归分析、数据可视化技术等,对这 3 个领域同样适用。统计学中的"预测分析"与人工智能领域的"监督式机器学习"基本上就是一回事。而且,大多数的数据分析技术也适用于各种规模的数据集。简而言之,一位优秀的数据达人可以高效地处理好这 3 方面的工作,而花费大量时间去细究它们之间的差异则往往是无用功。

固有观念 2:只有专业的数据科学家才能成为"数据热潮"中的弄潮儿。

人们有时对数据科学家盲目崇拜,认为只有他们才有可能有效地处理和分析数据。然而,近来兴起了一阵全新的、极为重要的潮流，旨在让数据思维变得更加全民化。越来越多的机构开始注重培养普通员工的数据思维和数据分析能力。自动化机器学习工具使得人们可以更轻松地建立数学模型，并利用模型出色地完成预测工作。当然，我们仍需要专业的数据科学家负责开发新算法，并为那些进行复杂数据分析工作的普通员工把关。但是，一些单位选择把与数据分析相关的工作交给单位中那些"非科班出身"的数据达人负责，这样做往往能够让数据科学家专注更重要的工作。

固有观念3：数据科学家无所不能，他们掌握着从事数据活动所需的全部技能。

数据科学家是受过专业训练，从事模型开发和代码编写工作的人。人们往往想当然地认为，数据科学家同样能够包揽模型的实际应用工作。换句话说，人们认为数据科学家是无所不能的。但实际上这样的人凤毛麟角。对于一个数据科学项目来说，那些不仅了解数据科学的基础知识，而且了解所处行业、能够有效地管理项目，并擅长建立业务关系的数据达人才是无价之宝。他们不但能够胜任数据科学工作，还能提升数据科学项目的商业价值。

固有观念4：人们需要具有非常高的数学天赋，并经受大量训练，才有可能在数据和分析方面取得成功。

一个相关的假设是，为了从事数据科学工作，人们必须在该领域接受过良好的培训，因此一个数据达人也必须非常擅长和数字打交道。数据方面的天赋与训练固然对从事数据科学相关工作有帮助，但《像数据达人一样思考和沟通》这本书中的一个观点令我深感认同：一个拥有动力的学习者能够掌握数据和分析知识，并在数据科学项目中贡献力量。部分原因是，统计分析

的基本概念远没有那么深奥;同时,想要参与数据科学项目,也并不需要极高水平的数据和分析能力。与专业数据科学家协作,或是参与自动化人工智能项目,需要的只是提出关键问题的能力和好奇心、在业务问题和定量结果之间建立联系并识别出可疑假说的能力而已。

固有观念 5:如果你在大学或研究生阶段的主要研究方向并非定量(quantitative)领域,那么现在学习数据和分析方法所需的知识就为时已晚。

这一观念甚至得到了调查数据的支持:在 Splunk 公司于 2019 年对全球约 1300 名高管的调查报告中,几乎所有受访者(98%)都认为数据技能对他们未来的工作很重要。81%的高管认同数据技能是成为高级领导者所必需的,而 85%的人认为掌握数据技能会让他们在公司中变得更有价值。尽管如此,仍有 67%的人表示他们不习惯自己获取或使用数据,73%的人认为数据技能相较于其他业务技能更难习得,53%的人认为自己年纪太大,已经错过了学习数据技能的黄金时期。这种"数据失败主义"(data defeatism)对个人和组织都是有害的,而本书作者和我都认为这不过是无稽之谈。仔细阅读本书正文,你会发现其中不涉及任何艰深难懂的知识!

因此,抛开这些固有的观念吧,让自己成为一个数据达人。你将成为职场上更有价值的员工,并帮助你所在的机构变得更加成功。这就是世界的发展方向,是时候开始加入浪潮,更加深入地了解数据及其分析方法了。我相信,阅读《像数据达人一样思考和沟通》,探索数据科学,你将会收获一段富有价值且充满乐趣的旅程。

前言

对于本书的读者来说，无论主观意愿如何，数据或许已经成为你工作中最重要的一部分，没有之一。而你之所以翻开这本书，大概是因为希望能够了解数据究竟是怎么一回事。

首先，有必要重复一个老生常谈的问题：在这个时代，每个人创造和接收的信息比以往任何时候都多。毫无疑问，现在是一个数字的时代。而这个数字时代也催生了一个充斥着承诺、行话和产品的行业，其中许多是翻开本书的你，你的经理、同事和下属正在或将要接触的。但是，尽管与数据相关的承诺和产品不断涌现，数据科学方面的商业项目却往往会很快就陷入失败。美国科技博客 VentureBeat 在 2019 年进行了一个调查，其中显示 87%以上的数据项目以失败告终。

这里需要澄清一下，我们并非暗示所有关于数据的承诺都言之无物，或所有的产品都糟糕透顶。相反，要真正了解这个领域，必须首先接受一个基本事实：事情远比我们想象的要复杂。从事数据方面的工作意味着与数字、细微差别和不确定性打交道。数据至关重要，这毫无疑问，但与此同时，它并不简单。然而，有一个行业却在试图让人们忽视这一点——这是一个在不确定的世界中试图承诺确定性，并利用公司对落伍的恐惧而牟利的行业。我们在本书中将其称为数据科学工业复合体（Data

Science Industrial Complex)。

数据科学工业复合体

对于身处其中的每个人来说,数据科学工业复合体都是一个有待关注的问题。企业不断买入产品,期待它们能代替自己进行思考;经理们雇佣名不副实的专家;各种机构都在招聘数据科学家,却并没有做好迎接他们的准备;高管们不得不聆听无穷无尽的行业黑话,并假装理解。这样的现状造成了大量数据项目的停滞和资金的浪费。

而与此同时,数据科学工业复合体却在以令人头晕目眩的速度生产着新的术语,令人难以把握这个行业所制造出的商机(以及风险)。甚至只消眨眼工夫,你就会错过新的重要内容。当本书的两位作者开始共事时,**大数据**正是时代的"宠儿"。随着时间推移,**数据科学**的概念流行起来。在那之后,**机器学习**、**深度学习**和**人工智能**闪亮登场,成为下一个焦点。

对于那些富有好奇心和批判性思维、善于思考的人们来说,这一现象看起来不甚合理。这些真的都是全新的问题吗?还是那些新定义不过是新瓶装旧酒,将旧的概念重新包装?

但一个更关键的问题是,如何才能对数据进行批判性思考和讨论?本书将用具体的案例进行说明。

阅读本书,你将会习得理解数据科学复合体所必需的工具、术语和思维;能够在更深层次上了解数据及其挑战,批判性地看待呈现在面前的数据与结论;并且能够明智地谈论与数据有关的种种事物。

简而言之,你将成为一位**数据达人**。

我们为何关心

在进入详细的讨论之前，有必要介绍一下为什么本书的两位作者如此关心“数据”这个话题。下面分享两个例子，用以说明数据是如何影响整个社会以及每一个人的生活的。

次贷危机

次贷危机爆发时，本书的两位作者刚从大学毕业。那是在2009年，找工作很难，但我们非常幸运地在美国空军谋到了职位，因为我们有一项当时人们亟需的技能：处理数据。我们每天都在与数据打交道，努力将空军分析师和科学家的研究成果转化为政府可用的产品。美国空军雇佣了我们，这预示着整个美国都将要开始重视类似的职位了。作为数据工作者，我们对次贷危机产生了好奇与兴趣。

促成次贷危机的因素众多。把它列为本书中的一个案例，并非想要否定其他因素带来的影响。但简而言之，我们将其背后的原因归结为一起重大的数据失败事故。银行和投资者建立模型，为担保债务凭证（Collateralized Debt Obligation，CDO）估值。可能有些人还记得，正是CDO这个投资工具使得美国市场陷入崩溃。

人们曾一度认为CDO是一种安全的投资，因为它们将与贷款违约相关的风险分散到多个投资单位。这样，即使投资组合中有少数违约，也不会对整个投资组合的潜在价值造成重大影响。

然而，经过反思回顾，我们知道某些基本的潜在假设是错误的。其中最主要的一条，莫过于认为违约是独立事件，即A拖欠贷款并不会导致B的违约风险。我们很快就能意识到，违约事件更像是多米诺骨牌，一次违约常常会带来连锁反应。当一笔债务违约时,其相邻房产的价值将会下降,这些相邻房产的违约风险就会相应增加。一次违约很快就能将周边的一整个街区拖入深渊。

把事实上存在联系的事物进行独立性假设是统计学中常见的错误。

但我们进一步深究这个故事就会发现,正是投资银行建立了高估这些资产的模型。本书后面将会说明,想要建立一个数学模型,必须对客观现实的某些维度进行简化,提出一些关于现实世界的假设,来试图理解和预测某些现象。

那么是谁在创造和解读这些模型呢?他们是为今天的数据科学家奠定基础的人,他们可能是统计学家、经济学家、物理学家,或是从事机器学习、人工智能和统计学相关职业的人。他们经常与数据打交道,而且聪明绝顶。

但就是这样一群每日与数据打交道的聪明人,还是在这个问题上出了差错。是因为他们在工作时没有提出正确的问题吗?还是说从分析师到决策者一次次的汇报和沟通中,每一个不确定性都被拆解、剥离,给人一种住房市场完全可以预测的错觉?相关人员是否在他们得到的结果上显而易见地撒了谎?

而更加与我们相关的是,如何在自己的工作中避免类似的错误?

我们提出了很多问题,却只能对答案做有限的推测。但有一点是很清楚的——次贷危机的背后是一场大规模的数据灾难。而且,这不会是最后一次数据灾难。

2016 年美国大选

在 2016 年 11 月 8 日举行的美国大选中,美国共和党候选人唐纳德·J.特朗普击败了民意调查领先的民主党候选人希拉里·克林顿,赢得了大选。对于政治民意调查员来说,这一结果令人震惊。他们的模型并未预测到特朗普会当选。然而2016年本应是选举预测模型大放光彩的一年。

2008年，纳特·西尔弗(Nate Silver)在《纽约时报》的538博客成功地预测了巴拉克·奥巴马的胜利。当时，对于他的算法能否准确地预测选举，许多权威人士保持着将信将疑的态度。到了2012年，随着奥巴马的成功连任，成功预测了这一结果的西尔弗再度成为焦点人物。

那时，商业世界已开始接纳数据这一新事物并聘请了许多数据科学家。西尔弗对奥巴马连任的成功预测则再一次展示了用数据进行预测的重要性，以及其近乎神谕般的能力。商业杂志上的文章向高管们发出"通牒"：要么现在就开始重视数据，要么就等着被数据驱动的竞争对手吞并。数据科学工业复合体正马力全开。

到2016年，每个主要新闻媒体都投资了一种算法来预测美国大选结果。他们中的绝大多数都认为，民主党候选人希拉里·克林顿将会取得压倒性胜利。但是他们都犯了巨大的错误。

如果将他们的错误与次贷危机相提并论，我们就能更深切地感受到这是一个多么严重的失误。有人会说，我们从过去中吸取了教训，对数据科学的关注将帮助人们避免重蹈覆辙。的确，自2008年以来，新闻机构聘请数据科学家，投资民意调查研究，创建数据团队，并花费更多资金确保数据质量。这就引出了一个问题：投入这些时间、金钱、努力和教育，最终结果如何呢？[①]

---

① 纳特·西尔弗在一系列文章中详细地分析了这个事件(fivethirtyeight.com/tag/the-real-story-of-2016)。就像次贷危机的例子一样，一些民调网站错误地采取了独立性假设。

我们的推测

为什么会出现这样的数据问题？我们认为有 3 个主要原因：问题本身的复杂性、批判性思维的缺乏、数据科学家与决策者的沟通障碍。

首先，正如我们之前提到的，数据是一个非常复杂的领域。许多数据问题从根本上来说都是很难解决的。即使公司拥有大量数据，运用了正确的工具和技术，并雇佣了最聪明的分析师，预测还是会出错。这并非是在指责数据和统计学，而是在陈述现实。

其次，一些分析师和利益相关者已经不再批判性地思考数据问题。数据科学工业复合体为人们描绘了一幅确定和简单的图景，而一部分人也选择了灌下这碗“迷魂汤”。也许这就是人性：人们不愿承认他们对未来一无所知。但是为了正确地处理和使用数据，一个关键要点就是要认识到我们有可能做出错误的决策。想要认识到这一点，就必须坦率地谈论风险与不确定性，并确保每个人都能理解。不知为何，这类信息往往被遗失了。虽然我们曾希望，与数据分析相关研究和方法的巨大进步能够促进每个人的批判性思维，但最终结果却是它导致一些人失去了这种能力。

而持续引发数据问题的最后一个因素，则是数据科学家和决策者之间的沟通障碍。很多项目出发点非常好，但结果往往在沟通的过程中丢失或走样。项目的决策者缺乏理解数据的语言，因为没有费心培养自己的数据素养。而且，数据工作者也很难从商业的角度讲好一个完整的故事。换言之，二者之间存在着沟通的鸿沟。

工作场景中的数据

并非每个数据问题都足以引发全球金融海啸，或错判下一任美国总统，但这两个例子发生的情境仍然值得关注。如果说整个世界都密切关注的事件仍然会存在沟通障碍、误解和批判性思维的缺失，那么在普通的工作场景中，也极有可能发生类似的事情。在大多数情况下，微小的错误逐渐积累，就会营造出一个愈发缺乏数据思维的工作氛围。这在工作场景中时有发生，场景中的每个人都对此负有责任。

董事会上的一幕

想必科幻小说和动作电影的爱好者对这样的一幕不会感到陌生：主人公面临难以逾越的难关，为此世界各国领导人和科学家齐聚一堂，讨论现状。这时，看上去最古怪的一位科学家提出了一个想法，并抛出无数深奥的行业黑话，直到某位领导人咆哮道："说人话！"在这之后，观众将会看到一些阐释性的情节，用来说明先前剧情的含义。此类情节的目的，是将任务的关键信息转化成不仅主人公知晓，而且普通观众也能理解的事物。

作为美国联邦政府的研究人员，我们时常讨论此类电影桥段。为什么？因为现实中似乎从未有过类似的情节，我们在职业生涯早期的经历往往与此完全相反。

在展示工作时，我们面对的往往是茫然的目光、无精打采的点头，以及沉重的眼皮。台下的听众虽然困惑不已，但似乎对听到的一切毫无异议、照单全收。他们要么是被我们表现出的聪明才智折服，要么因为不知所云而感到无聊透顶。从来没人要求我们用所有人都能理解的语言重复之前所说的话。我们面临的场景截然不同，它往往是这样的：

数据科学家："我们使用多元逻辑回归方法，对二元响应变量进行了监督学习分析，发现样本外表现为特异性0.76，此外，当α为0.05时，有几个独立变量达到了统计显著。"

商业人士：（尴尬的沉默）

数据科学家："我们说得清楚吗？"

商业人士：（依然沉默）

数据科学家："有什么问题吗？"

商业人士："暂时没有问题。"

商业人士的内心独白："他们到底在说什么？"

如果在电影中出现这样的一幕，人们或许会说"稍等，倒回去重看一遍，我应该是错过了什么"。但在现实中，尽管阐述的问题确实至关重要，这种情况却鲜少发生。没有人会倒回去重看，更没有人要求阐明。

现在回过头看，那些工作展示确实过于技术化。部分是出于单纯的固执：正如前面说到的，在次贷危机之前，技术细节往往被过分忽略了，数据分析师只会说一些让决策者开心的话。而那时的我们打算改变这个风气，希望听众能听取我们真实的意见。但我们后来才意识到自己矫枉过正了——如果听众连听懂都做不到，自然更无法对内容进行批判性思考。

我们相信，解释数据应该有更好的方法，使得我们的工作产生价值。于是，我们开始练习向彼此及其他听众解释复杂的统计学概念，并询问他们解释得怎么样。

我们逐渐发现，数据工作者与商业人士之间存在着一个中间地带，在这里双方都可以开诚布公地讨论数据，这样的讨论既不会过于技术化，又不会过分简化。这个中间地带存在的前提条件是，双方必须从更具批判性的视角看待或大或小的数据问题，这也正是本书讲述的主要内容。

你有能力把握大局——数据分析第一课

为了更好地理解与处理数据，读者首先需要做到在面对那些乍一看十分复杂的数据概念时，摆脱抗拒心理。此外，如果你已经对这些数据概念有一些初步的了解，也能从这本书里学到该如何将其“翻译”成其他相关人士可以理解的语言。

人们在讨论数据时，常常会回避一些方面，即数据在很多公司中是如何失效的。但人们都需要了解这一方面，并且要培养面对数字与概念时的直觉、鉴别能力，以及适度的警惕。这听上去像是异想天开，但本书将会帮助读者轻松掌握这些知识和能力，并且不要求读者具有多么高超的编程技巧或学术水平。

本书将会借助清晰的讲解、思想实验与比喻说明来建立一个完整的知识框架，其中包含数据科学、统计学与机器学习。

饭店分类

一家空置的商铺前贴出了这样的告示：“饭店即将开业。”千篇一律的连锁餐厅令人厌烦，而独立的本地风味餐厅往往能使人耳目一新，人们难免会好奇：“这家新店会是哪一种？”

我们用更严谨的语言描述这个问题：**预测将要开业的新饭店究竟会是连锁餐厅还是独立餐厅**。

请先给出一个猜测，再继续阅读接下来的内容。

如果在现实生活中遇到这样的情境，跟随直觉的答案往往八九不离十。

假如餐厅开在潮流街区，周围全都是各式各样的小酒馆和小饭店，那么“独立餐厅”是更为合理的猜测。如果是开在高速公路或大型商场旁边，那么猜测“连锁餐厅”准没错。

但对于上文描述的这个问题，我们却很难给出答案。**因为**

信息不足。事实确实如此。这个问题没有提供任何数据，我们也自然无法做出任何决定。

我们得到的第一个教益是：为了做出有理有据的决策，首先需要获取数据。

图 0.1 中提供了一些数据。这家新饭店的位置被标记为X，图中的 C 代表连锁餐厅，I 则代表独立餐厅。有了这些信息，你会给出怎样的猜测？

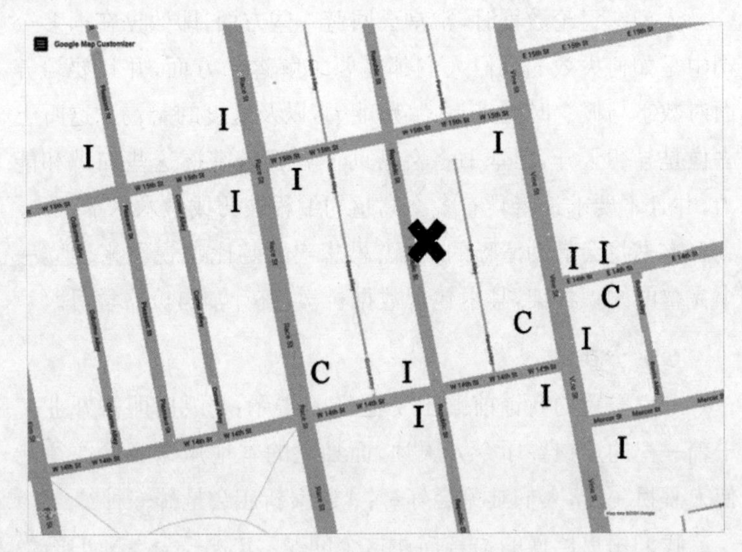

图 0.1　俄亥俄州辛辛那提市莱茵区（**Rhine Neighborhood**）某街区地图

大多数人会猜是 I（独立餐厅），因为附近的餐厅基本上也都是 I。但应该注意到，有几家餐厅并不是 I。如果设立一个从 0 到 100 的量度，那么人们对这个猜测的信心[1]应该会是一个很高的数字，但绝对不是 100。也有可能会有一家连锁餐厅开到

① 写给统计学同行的脚注：这里指的是通常意义上的信心，而不是统计学意义上的置信度。

这附近。

我们得到的第二个教益是：预测不会100%准确。

图0.2中也有一些数据，其展示的区域中有一个大型购物中心，而附近的大多数餐厅也都是C。当被问及同样的问题时，大多数人都会猜测是C。但小部分人会选择I，这样的选择值得关注，因为从中可以获得一些教益。

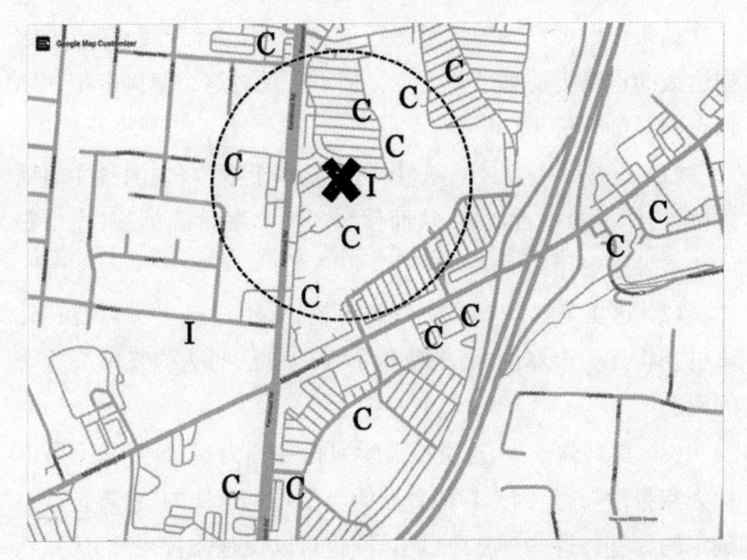

图0.2　俄亥俄州辛辛那提市Kenwood镇中心地图

在这个思想实验中，每个人都在头脑中建立了一套大同小异的算法。每个人都会研究X点周围的饭店标记，以此建立对附近区域的了解，但在此过程中，我们会排除一些餐厅，因为它们距离目标太远，无法起到参考作用。最极端的情况下（偶尔会发生这样的情况），或许有人会仅参考与目标距离最近的一个餐厅。而在这个例子中，距离最近的是一家独立餐厅，于是可以做出这样的预测：“因为距离X点最近的邻点是I，所以预测X将

会是I。”

然而,绝大多数人会参考附近的多家餐厅。图0.2中有一个圆圈,其中包含了与新开餐厅距离最近的7家餐厅。当然也可以选择其他的数字,但这里我们选择了7。而这7家餐厅中有6家是C,因此我们的预测也是C。

分析

如果你已经彻底理解了餐厅的例子,那么你已经在成为数据达人的道路上前进了一大步。接下来是对这个案例中相关知识点的详细分析。

(1) 这是一个分类问题,我们需要基于数据(周围餐厅的地理位置及类型)进行训练,从而预测一家新餐厅的标签(连锁餐厅还是独立餐厅)。

(2) 这正是机器学习所做的事情,只不过这里不需要在计算机上构建一个算法,而是使用了我们自己的头脑来解决这个问题。

(3) 更具体一点,这类机器学习任务称为监督学习,之所以称为监督学习,是因为其他餐厅的类型均是已知的,也就是具有确定的标签。这些标签可以引导(也可以说是监督)我们建立认知,在餐厅的位置与类型之间找到某些联系。

(4) 再具体一点,这项任务中用到了分类监督学习中的k-近邻算法。当k为1时,只需要观察最近的1家餐厅,就可以给出预测。当k为7时,就需要查看最近的7家餐厅,并依据其中的多数进行预测。这是一种符合直觉且非常有效的算法,当中也没有任何深奥难懂之处。

(5) 为了做出有理有据的决策,人们需要获取数据。同时,仅有数据也是不够的。毕竟,本书的核心内容是批判性思维。我们不仅会展示事物的原理,也会指出它何时失效。基于前面给出的数据，想要预测这家餐厅是否适合带小孩子去，也是不可能完成的工作。为了使决策能够有理有据，并不是随便什么样的数据都能起到帮助，我们需要的是准确、恰当和充分的数据。

(6)"……对二元响应变量进行了监督学习分析……"还记得前面我们提到的那段技术黑话吗？恭喜你，在上述的案例中，你已经完成了一次对二元响应变量的监督学习分析。响应变量是标签的一个别名，而所谓的二元指的是它可以取两个值，即 C 或 I。

本书面向的读者

正如本书开头所说，现如今许多公司的员工都会在工作中接触数据。我们虚构出了几位典型人物，用以代表阅读《像数据达人一样思考和沟通》能够有所收获的人群：

- 米歇尔是一名营销专家，平时与数据分析师一同工作。她负责制订公司的营销计划，她的数据分析师同事则负责收集数据，以衡量计划所带来的影响。米歇尔想要着手做一些更有创新性的工作，但她不知道该如何向同事传达自己在数据和分析方面的需求。两人之间遇到了沟通困难。于是，米歇尔尝试上网搜索一些近年来的流行词（如机器学习和预测分析），但与其相关的大多数文章要么太过技术化，有很多晦涩的计算机代码；要么就是数据分析软件或咨询服务的广告。这让她愈发感到无所适从。
- 道格是一位生命科学博士，在一家大公司的研发部门工作。作为怀疑论者，他很想知道近来备受关注的数据话题是否只是江湖郎中的"万金油"。但在办公室里，道格从来都不曾表达自己的观点，尤其在面对他的主管时——这位主管甚至穿着印有“数据是新潮流”字样的文化衫，不想被视为“数据勒德分子”[①]。与此同时，道格感到跟不上节奏，决心了解数据科学究竟有什么可值得大惊小怪的。

- 雷吉娜是一名公司高管，她很清楚数据科学的最新趋势。她负责监督新成立的数据科学部门，因此需要时常与公司的高级数据科学家沟通。雷吉娜信任她手下的数据科学家，认可他们工作的价值，但因为她需要时不时向董事会阐明自己团队的成果，她希望更深入地了解公司业务方面的工作内容。同时，雷吉娜还负责把关公司新技术软件的采购。她怀疑一些供应商关于“人工智能”这一概念天花乱坠的吹捧是不可信的。因此，雷吉娜希望用更多的技术知识来武装自己，将供应商的营销宣传与产品的实际表现区分开来。
- 尼尔森获得了一份新职位，要管理 3 名数据科学家。尼尔森是计算机科学家出身，知道如何编写程序、开发软件、处理数据，但在统计学和机器学习方面是新手。因为他有一些相关的技术背景，他有意愿和能力了解更多的细节，但总是抽不出时间去学。他的上司也一直在要求他的团队完成更多与机器学习相关的工作，但对于现在的他来说，这一切似乎都是一个神奇的黑箱。尼尔森正在搜索资料，来帮助他在团队中建立威信，并搞清楚哪些问题是机器学习可以解决的，哪些则无法解决。

希望你能与上述角色产生共鸣。他们几人(或许也包括你)

① 译者注：原文为 data luddite，这里指不能适应新技术的人。

之间的共同点，是希望能够更好地"消化"工作中接触的数据及其分析。

我们还虚构了一位特殊的人物，来代表本应阅读这本书，却可能不会阅读的人。正如每个故事都需要一个"反派"，这位人物就是本书中的"反派角色"。

- 乔治是一位中层经理，经常阅读与人工智能相关的最新商业文章，并将他最喜欢的那些文章转发给他的上级与下属，以证明他在紧跟技术潮流。不过，在会议室里，他更喜欢"跟从直觉"。乔治喜欢让他手下的数据科学家用一两张幻灯片展示少许数据，但一旦涉及更多数据就免谈。当分析结果与他在发布任务之前的直觉判断一致时，乔治会向上汇报，并向同级吹嘘他是如何为打造"人工智能企业"而努力的。但如果分析结果不符合他的直觉，他会向他手下的数据科学家提出一系列含糊不清的问题，让他们四处乱撞，直到恰好碰到推进项目所需的"证据"。

不要将乔治作为榜样。如果你认识一位"乔治"，请向他推荐这本书，并说他们让你想起了"雷吉娜"。

撰写本书的初衷

就像我们上面列出的典型人物一样，很多人都想了解数据科学，却不知道从哪里开始。现有的数据科学和统计学书籍已经涵盖了广泛的领域。这类书的一个极端是那些大力渲染数据优点和前景的非技术类书籍，其中有些质量稍好，但即使是最好的那部分，也给人感觉像当今常见的营销书籍。尤其，其中许多是由非专业人士撰写的，他们只是希望为最近兴起的数据话题增添热度而已。这些书讲述了如何通过数据的视角来看待问题，从而解决特定的业务问题，书中甚至可能会使用人工智能、机器学习等词汇。请不要误会，我们承认这些书确实能够提高人们对于技术前沿的关注度。然而，它们不会深入介绍前人已经完成的具体工作，而只是在很抽象的层次上专门关注问题和解决方案。

这类书的另一个极端则是技术含量极高的书籍。那些动辄500页以上的大部头乍一看就令人生畏，里面的内容更使人望而却步。

这两个极端各自有着海量的书籍，大多数人要么只阅读商业书籍，要么只阅读技术书籍。极少人同时阅读二者，这也加深了两类读者之间的鸿沟。

值得庆幸的是，这两个极端之间的中间地带也有着一些优秀的书籍。作者最喜欢的两本是：

Data Science for Business：What You Need to Know about Data Mining and Data-Analytic Thinking，福斯特·普罗沃斯特(Frost Provost)、汤姆·福西特(Tom Fawcett)著。

Data Smart：Using Data Science to Transform Information into Insight，约翰·W.福尔曼著。

我们希望本书也能加入这类书的行列。本书是一本不必借助计算机或草稿纸就可以轻松阅读的书籍。如果你喜欢我们的作品，那么建议你继续阅读上面推荐的这两本书，以加深和巩固自己对数据科学的理解。它们是不会令人失望的。

另外，我们也热爱本书所涉及的内容。如果我们能够将这种热爱传达给你，激发你对数据和分析的兴趣，让你渴望学到更多，那么这本书无疑就是成功的。

本书的内容

本书将帮助你构建一个关于数据科学、统计学和机器学习的心智模型(mental model)[①]。什么是心智模型?它是对一个领域核心内容的简要介绍,掌握了心智模型后,就能够解决该领域的相关问题。可以将心智模型视为在大脑中新开辟的一个存储室,用来存储更多信息。

某些书籍和文章会在开篇给出一系列定义:“机器学习是……”“深度学习是……”。如果仅仅接触这些定义,而没有建立相应的心智模型来归纳信息,就会像在没有衣柜的房子里堆了一箱箱的衣服一样。它们总有一天会被你当作垃圾扔掉。

但是通过新构建的心智模型,你将学习如何思考、谈论和理解数据,成为一位数据达人。具体而言,通过阅读本书,你将能够:

- 以统计学的方式思考,并理解随机变化在生活和决策中所扮演的角色;
- 精通数据——明智地讨论工作中遇到的统计数据与分析结果,并提出正确的问题;
- 切实地了解机器学习、文本分析、深度学习和人工智能;
- 在处理和解读数据时避免常见的陷阱。

本书的内容组织

数据达人是能够批判性地看待数据的人,这与他们担任的具体职位无关。一位数据达人可能是敲键盘的分析师,也可能

① 关于心智模型的论述,详见这本著作:*Teaching tech together*, Wilson G.(2019), CRC Press.

是坐在会议室桌前审核他人工作的人。本书将会展示一位数据达人应该怎样应对工作中不同的角色。

虽然本书内容是按时间顺序组织的，但每章的内容彼此独立，读者可以根据自己的需求选择章节或打乱章节顺序阅读。推荐的阅读顺序是从头到尾，以便构建一个从基础到深入的心智模型。

本书分为4篇。

第1篇　掌握数据达人的思维

本篇中，你将学习数据达人的思考方式——批判性地看待你所在工作机构的数据项目，并提出正确的问题；了解数据的定义及如何使用正确的术语；学习如何通过统计学的视角看待世界。

第2篇　掌握数据达人的语言

数据达人将会积极参与重要的数据交流。本篇包括如何使用数据与人辩论，以及如何提出问题来澄清统计结果的含义。读者会接触统计学和概率论的基本概念，这些概念有助于理解统计结果并对其提出合理的质疑。

第3篇　理解数据科学家的工具箱

数据达人应该理解与统计和机器学习模型有关的基本概念。本篇将对无监督学习、回归、分类、文本分析和深度学习等概念提供直观的阐释。

第4篇　确保成功

数据达人应该了解处理数据时常见的错误和陷阱。本篇将介绍导致项目失败的技术陷阱，数据项目中涉及的人员和他们的秉性。最后，我们将引导读者学习如何成为一名成功的数据达人。

进入正文前最后的话

前文已经提到,数据领域的高速发展使我们很难及时阐明它所带来的全部商机与风险。前面的例子则显示,小至作者本人,大至整个社会,都曾犯下许多数据错误。只有先了解过去,才能更了解未来。我们通过餐厅分类的案例引入了几个重要概念,作为这段旅程的起点。

如果想要在更深层次上理解数据,就需要拨开纷乱的表象,批判性地思考数据问题,并与数据工作者进行有效沟通。

准备好了吗?翻开下一页,让我们正式开启成为数据达人之旅。

目　录

第1篇　掌握数据达人的思维

第2篇　掌握数据达人的语言

第3篇 理解数据科学家的工具箱

第 4 篇　确保成功

第 1 篇

掌握数据达人的思维

许多公司盲目跟随数据领域的风潮，却来不及设立清晰的商业目标，也无暇掌握基础的数据术语，更无心学习如何从统计学的角度看待事物。

数据达人则不会犯这样的错误。本书的第 1 篇“掌握数据达人的思维”是后续内容的基础，旨在让你学会用正确的思维模式理解数据。本篇包含以下内容。

第 1 章　定义问题

第 2 章　何为数据

第 3 章　统计学思维

第1章

定义问题

清楚地表述问题,就等于解决了问题的一半。

A problem well stated is a problem half solved.

——查尔斯·凯特灵(Charles Kettering),
发明家,工程师

成为数据达人的第一步，就是帮助你所在的机构认清哪些数据问题是值得研究的。这听上去很简单，但常见的情况是，一些公司极力吹捧数据，实际上要么是在开空头支票，要么是给出完全错误的结论，或是在毫无商业价值的项目上投资。很多时候，公司之所以开展数据项目，只不过是因为它们表面看上去光鲜亮丽，而并非确实理解了项目真正的重要性。

这种情形不仅会导致财力和时间被浪费，也会对后续开展的数据项目产生负面影响。事实上，很多公司只是一味地希望从数据中挖掘出有价值的信息，却往往不能走好第一步：定义一个业务问题①。因此，在本书的开篇，我们将回到起点。

接下来，我们将提出一些有益的问题，帮助数据达人们确认他们是否在从事实质性的工作。之后，我们会分享一个因为没有提出这些问题而导致失败的案例。最后，我们将会指出，如果一开始没有明确地定义问题，将会增加哪些隐藏成本。

1.1 数据达人应该掌握的问题

根据我们的经验，回归首要原则，以及提出解决问题所需的基本问题，都是说起来容易做起来难。每家公司都有其独特的

---

① 一个稳健的数据策略可以帮助公司减少此类问题。当然，任何数据策略的核心内容之一就是解决有意义的问题，而这正是本章的内容。如果你对更高阶的数据策略感兴趣，可以参考 *Data science strategy for dummies*（《数据策略入门》）。

文化，团队气氛也并不总是鼓励员工公开提出问题，尤其是提出那些可能会让其他人感到不适的问题。很多有志于成为数据达人的人会发现，他们甚至没有机会提出那些可以推动项目向前发展的重要问题。因此，鼓励提问的团队文化与问题本身同等重要。

世上并不存在适用于每家公司和每位数据达人的万能公式。如果你是领导者，你需要创建一个开放的环境，鼓励下属提问（想要做到这一点，首先要邀请技术专家加入对话）。领导本身也需要提出问题——这体现出一个关键的领导特质：谦虚，并能鼓励其他人加入。如果你是资历较浅的领导，可以尽量试着提出这些问题，不要担心会破坏现状。根据作者的经验，领导应尽其所能地提出更多问题。哪怕仅是提出正确的问题，也总比不问更加有益。

无论是作为领导还是数据项目中的一员，一位优秀的数据达人都应该学会提前做好准备，未雨绸缪，发现项目中的危险信号。为此，我们列举了在解决数据问题之前应该提出的 5 个问题。

（1）这个项目为何重要？

（2）这个项目将会对谁造成影响？

（3）如果缺乏正确的数据怎么办？

（4）项目结束的标志是什么？

（5）如果结果不符合预期怎么办？

下面对这 5 个问题一一进行解释。

这个项目为何重要？

这个问题看上去很简单，却常常被人忽视。在项目开始运作之前，我们往往已经迫不及待地开始讨论该如何解决实际困难，以及项目完成后将会造成怎样的影响。在本章结尾，我们将会指出不回答关于项目重要性的问题的潜在危险。最基本地，这个问题能够使人们获得正确的预期，明白设立项目的必要性。弄清楚这个问题是非常重要的，因为开展数据项目需要投入时间和精力，通常还伴随着在技术和数据方面的额外投资。在开始之前，应该首先简单地确定选题的重要性，这将有助于优化公司资源的分配。

提出这个问题有如下几种方式。

- 是什么令你(和你的团队)夜不能寐？
- 这个项目的重要性是什么？
- 这是一个全新的问题吗？还是已经有其他解决方案了？
- 这个项目将带来怎样的收益？(投资回报是多少？)

你需要了解团队中的其他人如何看待这个项目选题。这有助于团队达成共识，明确每个人是否同意开展项目，以及他们将如何为项目做出贡献、解决困难。

在这些最初的讨论中，你需要将注意力集中在核心业务问题上，如果你听到太多有关最新技术趋势的议论，就要提高警惕了。在项目初期就谈论技术趋势会很快使会议偏离其业务重点。注意以下两个危险信号。

- **方法论中心**。在这个情境中，公司简单地认为，只要尝试一些新的分析方法或技术，就会立刻变得与众不同。小心陷入常见的营销话术(如果你不使用人工智能(Artificial Intelligence，AI)，你就已经落伍了)，或者，公司有时只是想要使用一些时髦的流行词(如“情绪分析”等)。
- **过度关注可交付的成果**。一些项目之所以偏离轨道，是因为公司过于关注可交付的成果。例如，公司认为项目需要有一个交互式界面。你开启了项目，但最终的结果变成了安装一个新界面或商业智能系统。项目团队需要后退一步，关注他们想要构建的内容如何为组织带来价值。

这两个危险信号都涉及了技术考量，且都认为在定义问题时不应加入技术考量，这或许会让人感到意外。当然，在项目的某个时间点，方法论和可交付的成果将会进入图景。但在项目初期，应该用每个人都能理解的直接、清晰的语言进行讨论。因此，我们建议你不要过分关注技术术语和营销言论。先从要解决的问题开始，而不是陷入具体的技术。

之所以这一点至关重要，是因为我们观察到，项目团队的成员有些沉迷于数据，另一些则对数据望而生畏。一旦定义问题时的对话转向分析方法或技术，就会发生两件事。首先，那些对数据望而生畏的人很可能会感到不知所措，不再参与当下关于定义业务问题的讨论。其次，那些沉迷数据的人会很快将项目拆解为技术方面的子问题，这些子问题可能与实际业务目标一致，也可能不一致。一旦业务问题演变为数据科学的子问题，真正的项目缺陷就可能需要数周或数月才能发现。因为项目工作开始之后，就没有人想要重新审视主要问题了。

从根本上说，团队必须回答一个问题：这真的是一个值得解决的、现实存在的业务问题，还是我们仅仅是为了做数据科学而做数据科学？尽管这个问题有些尖锐，但它是一个好问题，尤其是在当下这个大众热衷于炒作数据科学及相关领域的时代。

这个项目将会对谁造成影响？

为了回答这个问题，我们不仅要询问项目的影响范围，同时也要考察项目会为团队或企业的工作重点带来怎样的变化。

公司的各个层级都应被纳入考虑范围，有时甚至还要包括客户。一位数据达人应该清楚地知道终端用户是哪些人，因为定义问题的人往往并不局限在团队内部。找到那些日常工作会受到这个项目影响的人，让他们加入讨论，这非常重要。

我们列出一个相关人员的详细名单——思考当项目完成后，哪些人的工作会被改变？如果影响范围很广泛，可以选出一个小组作为代表。将这些人列一个名单，逐一了解他们将如何受到项目的影响，并将这些答案与上一个问题（这个项目为何重要）联系起来。

为了帮助你思考这个问题，可以给自己提一个思考题——假设你想好了这个问题的答案，不妨进一步追问你的团队：

- 我们可以把这个方案投入使用吗？
- 哪些人的工作将会发生变化？

当然，回答这些问题的前提是你拥有合适的数据。尽管在第 4 章中我们将说明，"拥有合适的数据"可能是一个十分苛刻的假设，但你仍应试着回答这些问题，并设想它们得到解决后的场景。很多时候，回答这些问题有助于思考项目如何获得更广泛的影响，或者帮你排除一些缺乏商业前景的项目。

如果缺乏正确的数据怎么办？

每个数据集内部的信息量都是有限的，信息被挖掘到某种程度之后，任何技术或分析方法都无法再帮我们挖掘出更多的信息。

根据作者的经验，很多公司犯下的最大失误之一就是在项目还没开始之前就考虑数据集如何获取的问题。因为当项目开始运转后，参与其中的每个人都想要不惜一切代价完成它。当一位数据达人加入某个项目时，他应该意识到自己有可能无法获取正确的数据，并及时建立应急预案，以便收集更完备的数据集。而当无法获取数据时，应该回到最初的问题，试着重新定义项目范围。

项目结束的标志是什么？

很多人都参与过那些迟迟无法结束的项目。如果在项目开始前期望不明确，一段时间后团队就会开始例行公事地开会，并撰写一些没有人会读的报告。如果在项目启动之前设立项目结束的明确标志，就可以避免这种尴尬的走向。

这个问题的答案与启动项目的原因密切相关，并有助于团队就项目预期达成共识。项目选题之所以重要，是因为企业未来的某些需求无法用现有的数据或产品满足。因此，需要确定最终的可交付成果是什么。这样做将重新激起关于项目潜在投资回报的讨论，团队也能够了解是否可以借助共同认定的指标来衡量项目的影响。

因此，应该将项目的利益相关者聚到一起，共同确立项目结束的各种可能情形。某些情形是显而易见的，例如缺乏资金或关注度，项目失败。把这些显然的失败放在一边，关注必须解决的商业问题，以及在项目结束时应该交付的结果。对于数据项目而言，最终的可交付成果往往是一些结论（例如公司上一次营销活动的效果究竟如何）或应用模型（例如建立一个预测下周发货量的模型）。很多项目都会需要额外的工作，譬如持续的技术支持和维护，这些都需要提前与团队沟通。

在你问出这个问题之前，不要假设自己知道答案。

如果结果不符合预期怎么办？

数据达人应该提出的最后一个问题，是让利益相关者正视他们有意忽略的一种可能性：他们的假设有可能是错误的。例如，问出“如果结果不符合预期怎么办”这个问题时，设想你正走上一条“不归路”，在一个项目上花费了数小时，却发现结果和你想象的截然不同。请注意，这并不意味数据科学无法回答问题，相反，数据科学可以回答这个问题，置信度或许还相当高，但答案却并不是利益相关者想要的。

在项目结束时发现结果与你的预期不符，接受这个结果绝非易事，但这种情况发生的概率比我们期望的要高得多。要提前考虑项目结论不符合预期的可能性，这样你在不得不报告坏消息时，也能同时提供可行的备用计划。

提出这个问题也有助于了解每个人在项目结果接受程度上的差异。也许你还记得本书前言中提到的典型反派人物“乔治”。乔治会忽视那些与他的个人信念相悖的结论，而偏爱笃信他想看到的结果。在项目开始时提出这个问题，有利于及早发现和纠正在项目上的偏见。

如果你发现团队只能够接受某种特定结果，那么不要轻易启动项目。

1.2 了解数据项目失败的原因

数据项目失败的原因有很多：资金缺乏、时间紧迫、专业知识不足、期望不合理等。如果将数据和分析方法带来的失败也纳入考虑，就有可能会遮掩其他的问题。一个项目团队可能会应用一种他们无法解释的方法来分析他们不了解的数据，以解决一个无关紧要的问题，并且仍然认为他们已经成功了。

我们来看一个案例场景。

客户感知

你在财富榜十强之一的 X 公司工作，该公司最近因不当的营销活动而受到了媒体批评。你被分配到一个项目团队来监测"客户感知"，项目团队由以下人员组成：

- 项目经理（你）；
- 项目发起人（支付费用的人）；
- 两名营销专家（没有数据方向的背景）；
- 一名年轻的数据科学家（刚从大学毕业，希望把自身所学应用到实际问题中）。

在立项会议上，项目发起人和数据科学家很快就兴奋地讨论起了"情绪分析"这一术语。在前不久的一场技术会议上，你们的竞争公司宣传他们正在使用这项技术，项目发起人从而得知了这个术语。数据科学家自告奋勇地表示对此有所了解，还曾经在毕业设计项目中使用过它，并认为可以应用这项技术分析客户在公司的社交媒体平台上留下的评论。两名营销专家对这项技术的理解是，它能够使用社交媒体数据来解读人们的情绪，但他们没怎么发言。

你了解到，情绪分析技术可以自动将评论标记为"正面"或"负面"。例如，"感谢你赞助了奥运会"这句话是**正面**的，而"客户服务很糟糕"这句话是**负面**的。可以想象，数据科学家可以由此计算每天收到正面和负面评价的总数，实时绘制其变化趋势，然后将结果呈现在程序界面上供其他人查看。最重要的是，客户评论不再需要人工阅读，让机器代劳就可以了。于是，项目顺利启动。

一个月后，这位数据科学家自豪地展示了 X 公司的"客户感知"界面，这个界面每天都会更新，加入当日的最新数据，并在界面一侧列出本周得到的一些“正面”评论。图 1.1 展示的是界面中的主图形：情绪随时间变化的趋势线。这里只显示正面评论占比和负面评论占比，但大多数评论是中性的。项目发起人很喜欢这个界面。一周后，这个界面开始被放在休息室的屏幕上实时显示，供所有人查看。

项目获得极大的成功。

6 个月后，休息室进行翻新，拆除了监视器。

并没有人注意到这一点。

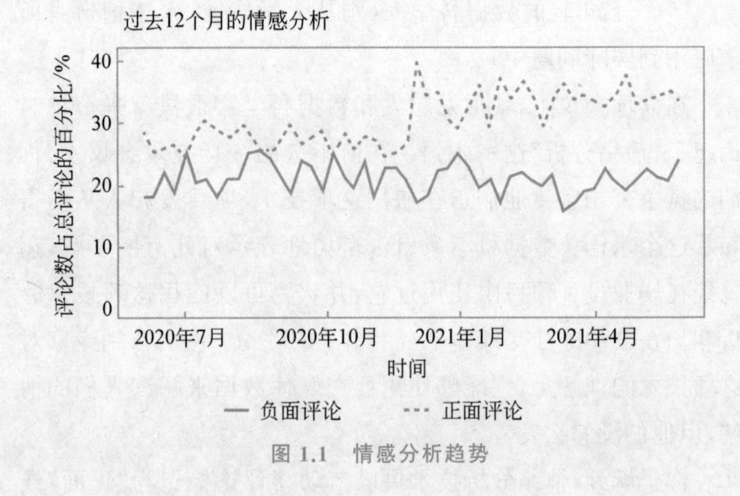

图 1.1　情感分析趋势

该项目的事后复盘显示，公司中并没有人参考这些分析结果，就连团队中的营销专家也没有关注。当被问及原因时，营销专家承认他们对最初的分析并不满意。诚然，可以将每条评论标记为正面或负面，但因此就认为不再需要人工阅读评论，似乎是天方夜谭。营销专家会质疑标记过程的有用程度。此外，他们反驳说，客户感知不能仅通过在线交互来衡量，即使这是最方便获取的用于支持情绪分析的数据集。

讨论

在这个案例中，似乎一切进展得都很顺利。但是有一个基本的问题没有被提出："这个项目为何重要？"相反，项目团队转移到了另一个问题上："我们可否建造一个界面，来监测客户在公司社交媒体账号上的反馈情绪？"答案当然是肯定的，他们可以。但该项目交付的结果对公司而言毫无意义。

你也许会认为营销专家应该拥有更多话语权，但他们没有被列入这个项目的影响范围。此外，该项目团队在解决问题的过程中，也暴露出两个危险信号：方法论中心（情绪分析）和过度关注可交付结果（界面）。

此外，在这个情境中，针对"我们可否建造一个界面，来监测客户在公司社交媒体账号上的反馈情绪"的问题，项目团队本可以进行一次思想实验，即首先假设已经有了这样的一个界面，之后考虑以下两个问题。

- **解决方案可以投入使用吗？** 考虑情绪分析与客户感知的相关性。团队如何使用这些信息？了解客户在社交媒体上的情绪可能带来哪些商业利益？
- **哪些人的工作将会发生变化？** 假设团队认为情绪分析的结果将会对业务有所帮助，那么由谁来监控这些结果？如果正面评论占比突然下降，我们该如何应对？相反，如果正面评论占比呈上升趋势呢？

在这些问题上，我们期望营销团队能够畅所欲言。他们是否知道如何在日常工作中应用这些信息？答案大概率是否定的。项目遇到了障碍。

而这些失败都是因为没有问出1.1节列出的5个问题。

1.3 解决重要的问题

我们在前文说明了，无法正确定义潜在问题往往会导致项目失败。大多数情况下，我们认为这种失败是金钱、时间和精力的损失。但在整个数据界还存在着更广泛却鲜为人知的问题。

目前，高校、培训机构及网络课程平台都在以井喷式的速度培养着一批又一批具有批判性思维的数据工作者，以满足整个市场的需求。如果处理数据就是为了揭示真相，那么数据达人的存在也是为了用数据揭示真相。

因此，当数据工作者不得不从事与数据无关的项目时，这意味着什么？他们的工作成为高管吹嘘的资本，而不是在解决真正重要的问题，这又意味着什么呢？

这意味着许多数据工作者对自己的工作内容表示不满。在工作中过分关注技术细节，又只能得出模棱两可的结论，这会导致沮丧与幻灭。Kaggle 是一家网络平台，来自世界各地的数据科学家可以在这里参加数据科学竞赛，并交流新的分析方法。Kaggle 平台曾发起过一次调查，询问数据科学家在工作中面临过哪些困难。① 其中有一些困难直接关系到不明确的问题和糟糕的计划：

- 问题不明确（30.4%的参与者经历过这种情况）；
- 决策者未采用结果（24.3%）；
- 缺少行业专家的投入（19.6%）；
- 对项目影响的预期（15.8%）；

---

① 2017 Kaggle 机器学习与数据科学问卷，结果可以在 www.kaggle.com/kaggle/kaggle-survey-2017 上找到。

- 将调查结果整合到决策中（13.6%）。

这样的后果是明显的——对自己在整个项目中的角色不满的人选择了离开团队。

本章小结

本书旨在教会读者如何提出更多更具探索性的数据问题，后续也将以此为主线组织内容。本章从最重要，但有时也最难的一步开始：定义问题。

本章介绍了提炼和阐明核心业务问题的方法，以及为什么涉及数据及分析的问题格外具有挑战性。

我们列举了数据达人在定义业务问题时应该提出的5个核心问题，并指出了项目开始误入歧途的一些早期预警信号。如果你发现工作中存在过度强调方法论或可交付结果的倾向，就应该及时停下来审视。

在这些问题得到令人满意的答案后，就可以开始继续推进工作了。

第 2 章

何为数据

如果我们有数据，就让数据来发声。如果我们仅仅是意见不一，那就得听我的。

If we have data, let's look at data. If all we have are opinions, let's go with mine.

——吉姆·巴克斯德尔(Jim Barksdale)，网景公司(Netscape)前 CEO

很多人在进行数据工作时并不会使用术语,为了让读者更方便地阅读本书后面部分的内容,我们希望使用一套统一的语言。因此,本章将提供一堂有关数据与数据类型的“速成课”。如果你曾学过基础的统计或数据分析课程,那么你会对本章介绍的术语有所了解,但某些讨论或许在你的课堂上并未涉及。

2.1 数据与信息

数据与信息这两个概念经常被混为一谈,但在这本书中,我们希望对二者进行区分。

信息指的是人们获取的知识,获取信息的方式多种多样,可以是进行测量、独自思考、欣赏艺术、参与辩论等。大到卫星上的传感器,小到我们大脑中的神经元都在源源不断地创造着信息。但信息的交流和传达却往往并非易事——某些事物更易于量化,另一些则不然。但是,为了彼此间的互惠互利和知识存储,信息的交流是必需的。交流与存储信息的方法之一就是将信息编码。在这个过程中,我们创造了数据。也就是说,数据是经过编码之后的信息。

数据集示例

表2.1展示了某家公司的数据。这家公司每个月都会在网络、电视、纸质媒体等投放平台上进行新的营销活动,整个过程

中持续制造着新的信息，而这些信息编码后被整合成了数据，并呈现在表格中。

表 2.1 数据集示例：营销活动支出及利润

年月	广告支出/美元	卖出产品/件	利润/美元	投放平台
2021.1	2000	100	10452	纸质媒体
2021.2	1000	150	15349	网络
2021.3	3000	200	25095	电视
2021.4	1000	175	12443	网络

像表 2.1 这样用表格形式呈现的数据称为数据集。

可以注意到，数据集被划分为行与列，我们可以以行为单位或以列为单位解读数据集。除了第一行之外，水平的每一行都代表着一组信息实例。在这个例子中，是与某一次营销活动相关的组合信息。而垂直的每一列则含有我们关心的某一类信息，并用统一的格式进行编码，以便我们在不同的信息实例之间进行比较。

数据集的行有时也称记录、观测样本或样本，而数据集的列有时也称变量或特征。

任意一行与任意一列的交叉点称为一个数据点，在这个例子中，**2021 年 2 月**卖出的 **150** 件产品就是一个数据点。

表 2.1 的第 1 行给出了一些相关信息，告诉我们每一列都代表什么变量。但并非所有数据集的第 1 行都会给出这些信息，这意味着每一列的含义是约定俗成的，而处理数据集的人应该知道每一列代表什么。

入乡随俗

很多领域都需要处理数据，人们也习惯用不同的术语来称呼同样的事物。一些数据工作者习惯将列称为“变量”，另一些则习惯将列称为“特征”。作为数据达人，应该学会灵活地适应不同人群的术语习惯。

2.2 数据类型

编码信息的方式多种多样，但数据工作者往往使用几种特殊的编码方式，其中最常见的两种是数值变量和分类变量。

数值变量由数字构成，但有时也会含有符号以确定单位；分类变量由单词、符号、短语构成，有时也会由数字构成，如邮政编码，但这种情形不该与数值变量混淆。数值变量和分类变量都可进一步划分为更多子类。

数值变量主要分为两种。

- 连续变量的取值范围是任何实数，用以表示那些不可数的数据。天气信息中的户外温度就是一个连续变量。例如，附近的一个测量站测得的数据可能是 18.67℃。而当他们报告数据的时候，则有可能报成 19℃或 18.7℃。
- 离散变量与连续变量不同，它的取值范围局限于整数。例如，一个人能拥有的汽车辆数只能是 0、1、2 等，而不能拥有 1.23 辆。变量类型取决于数据所表示的实际事物。[①]

---

① 连续变量又可以分为定比变量与定距变量，但这两个术语在商业情境下很少使用。除此之外，在某些场景当中，连续变量与离散变量之间的区别无关紧要。出于数据分析的需要，像网页浏览量这样数值很大的离散变量往往被当作连续变量处理。而在数值较小时，二者的区别更加重要。我们会在后续章节对此进行更多的讨论。

分类变量也有两种主要类型。

- 定序变量是可以进行排序的分类变量。例如在问卷调查当中,常见的一类问题是用 1 到 10 间的数字来描述用户体验。虽然这看起来很像数值变量,但考虑到 9 分与 10 分的差距往往不等于 0 分和 1 分的差距,因此这并非数值变量。当然,不一定要采用数字为定序变量编码,衬衫的尺寸也是一种定序变量：小、中、大、特大。
- 定类(无序)变量则无法进行排序。表 2.1 中的“投放平台”就是这样的一个变量,它的取值是纸质媒体、网络和电视。其他的定类变量包括“是”与“否”,或是“民主党”或“共和党”——这些取值的大小无法区分。

表 2.1 当中还有一个名为“年月”的变量。这是另外一种变量,它根据顺序排列,并能像数值变量那样进行加减。

2.3 数据的收集与组织方式

2.2 节中讨论了数据集中的数据类型,除此之外,数据集还可以根据数据的收集与组织方式进行分类。

观测数据与实验数据

根据数据的收集方式,可将数据分为观测数据与实验数据。

- 观测数据指通过人工或计算机对某些过程进行被动观察时收集到的数据。
- 实验数据指通过某些既定的方法进行科学探索时得到的数据。

我们在现实生活与商业领域当中见到的绝大多数数据都是观测数据,其中包括网站的浏览量、某天的销售额、每天收到的电子邮件封数等。有时我们会有意识地收集这些数据，例如顾客反馈和民意调查，有时则不然。有些数据往往作为其他活动的副产品产生，例如交易记录、信用卡账单，以及社交账号的博文与点赞量。它们被存储在某些数据集当中，等待被发掘出来并被应用。有时，观测数据之所以产生，是因为它们可以免费获得，并且易于收集。

另外，实验数据不是通过被动收集得到的，而是为了回答特定问题、遵循特定方法有意制造出的数据。因此，对于统计学家与研究者而言，实验数据是最高标准的数据集。为了收集实验数据，必须对实验对象进行随机处理，临床试验就是这样的一个例子。患者被随机分为两组——实验组和对照组，其中实验组服用某些药物，对照组则服用安慰剂。在随机分组时，两组患者在其他方面的特质是平均的（如年龄、经济情况、体重等），以此保证除了受到的治疗不同外，两组患者的情况尽可能一致。这让研究者可以分离并测量出由治疗手段带来的效果，而不必担心其他混淆因素的影响。①

从药物临床测试到营销活动，设置实验对照组的方法在不同的领域均有应用。在数字营销行业，网页设计者经常会设计实验，比较不同的网页布局及广告投放带来的效果。假设有 A 与 B 两个广告，当我们进行线上消费时，将会随机看到其中之一。在收集了几千个样本后，网页设计者就可以开始统计两个广告被点击的次数。因为 A 与 B 两个广告是随机投放的，我们可以通过点击率来比较它们的优劣，因为其他的混淆因素（如时

① 这里简单介绍一个混淆因素的例子。如果在一场药物临床试验中，实验组只包括幼童，那么人们有理由怀疑这种疗效究竟是药物带来的还是幼童对这类疾病有天然抵抗力。在这个例子中，年龄就是药效的混淆因素。随机分配实验组与对照组则可以避免这种状况。

间段、浏览器的种类等)已经在随机选择的过程中被平均掉了。有时候人们称这类实验为“A/B 测试”,第 4 章将对此进行更详细的介绍。

数据是单数还是复数?

在英文中存在一个分歧:数据(data)一词究竟是单数还是复数?

就其本身而言,data 是数据(datum)一词的复数形式,在使用时也应该搭配第三人称复数形式的系动词 are,而非第三人称单数形式的系动词 is。

本书的作者曾经试着使用正确的形式(**data are...**)但很快就放弃了,因为它听起来很奇怪。很多人也持有同样的观点。著名的数据博客 FiveThirtyEight.com 曾经撰文指出,data 一词就像英文中的 water(水)、grass(草)一样,属于一个集合名词。

结构化数据与非结构化数据

数据也可以分为结构化与非结构化两类。结构化数据就像表 2.1 当中展示的那样,有一定的结构与顺序,并且被组织成行与列的形式。

非结构化数字的例子包括购物平台上的评价,以及社交软件上的图片、音频或视频等。由于分析方法只适用于结构化数据,因此必须先利用巧妙的技术对这些非结构化数据进行处理,将它们转换成结构化数据。本书的第 3 篇对此有所介绍。

2.4 基本汇总统计

数据集或表格并非呈现数据的唯一方式，很多时候数据也会以汇总统计的方式呈现。汇总统计能够帮助我们理解数据中的信息。

平均数、中位数和众数是最常见的3个汇总统计，在这里我们简短地讨论一下这3个术语，因为在日常对话中，它们常常与“常见”“普遍”“代表性的”或“平均的”这样的词汇混为一谈。在这里我们澄清这3个概念的含义。

- **平均数**是由全部数字之和除以数字个数得到的，它能让我们得到关于数据的整体印象，知道每一个样本对总和产生了多少贡献；
- **中位数**是当我们把全部数据从小到大进行排序之后，占据中点的数字；
- **众数**指的是数据集中出现次数最多的数字。

平均数、中位数和众数也称为集中量数或集中趋势量数。此外，还有一类离散趋势量数，包括方差、极差和标准差，它们常被用来度量数据的分散程度。集中趋势量数告诉我们常见的取值落在数轴上的何处，而离散趋势量数则告诉我们其他数字在常见取值附近的分散程度。

举一个简单的例子，一组包含7，5，4，8，4，2，9，4和100的数据，其平均数为15.89，中位数是5，而众数是4。可以注意到平均数15.89并不是该数据集中的成员，这是很常见的情况。例如，2018年，美国每个家庭的成员数的平均数是2.63人；篮球巨星詹姆斯场均得分是27.1分。

人们常犯的一个错误就是用平均数表示数据的中值，而事实上那是中位数。他们假设一半数据高于平均数,另一半则低于平均数,这是错误的。事实上,常见的情形当中,要么绝大多数数据低于平均数,要么绝大多数数据高于平均数。比如说,绝大多数人都拥有比平均数更多的手指(平均数为九点几根)。

为了避免混乱和错误认知,我们推荐大家使用平均数、中位数和众数这样含义清晰的术语,而避免使用“常见”“普遍”“一般”这类词语。

本章小结

本章介绍了一些用来谈论数据的常见术语:

- 数据、数据集,以及数据集的行与列的种种别称;
- 数值变量(连续与离散);
- 分类变量(定序与定类);
- 实验数据与观测数据;
- 结构化数据与非结构化数据;
- 集中趋势量数。

定义了正确的术语后,就可以开始从统计学的角度思考现实中遇到的数据问题了。

第3章

统计学思维

统计学思维是一种与众不同的思维方式，它有点像是做侦探，鼓励质疑精神与另辟蹊径。

Statistical thinking is a different way of thinking that is part detective，skeptical，and involves alternate takes on a problem.

——统计学教授弗兰克·哈瑞尔（Frank Harrell）

本章的内容是统计学思维，致力于帮助读者以批判性的方式看待生活与工作中遇到的数据，为本书接下来的内容做铺垫。阅读本章之后，你也会在阅读新闻与最新的科技文章时获得一个崭新的视角——统计学的视角。

在进入正文前，先说明两件很重要的事情。

首先，本书涉及的统计学仅仅是统计学科的冰山一角，这一章的内容无法代替一整个学期的"统计学"课程（对学生读者致以歉意）；也并不能像那本经典的著作——《思考，快与慢》一样，从各个心理学方面深入分析"思维"。尽管无法面面俱到，但我们会介绍几个核心的概念，并尽可能地为统计学思维建立一个基础。

其次，接下来的几章可能会让你对数据产生疑虑，开始认为统计学不过是无稽之谈，用复杂的公式和数字遮蔽了真相；或者你会质疑读到的每篇文章，因为作者不见得有多懂统计学。

但这并不是我们的本意。我们的目标并非让你拒绝接受这些信息，而是帮助你懂得如何推敲并理解它们，知道它们的局限性，并在某些情况下欣赏它们。

3.1 学会质疑

统计学思维的核心信条之一是"学会质疑"。

很多人在日常生活中或多或少都会这样做：我们会下意识

地质疑广告商们信誓旦旦的承诺（“一个月瘦十斤！”或是“这只股票将要大涨！”）和社交媒体上耸人听闻的帖子。我们都有质疑的能力，而以旁观者的视角揭穿那些明显的骗局也富有乐趣。但当事情与人们自身息息相关时，质疑就会变得困难起来，例如每一场美国大选——仔细想想，当某一党派人士接收关于另一个党派[①]的断言或数据时，是否会下意识地感到怀疑？人们的脑海中也必然会浮现出这样的话语：“他们的信息来源是有问题的，我的信息来源更可靠。他们看到的是假的，我看到的是真的。他们只是不知道事情真相。”

这样的讨论很快就会转变成哲学问题，我们并不打算引发一场政治辩论，或是深入研究那些塑造了美国公民信念和政治信仰的因素。但这里有一个教益：当“一切”当中包含人们自己的思考和逻辑时，人们就很难质疑一切。

回到本书的话题上，思考一下我们在工作中接触到的那些与公司前途、员工表现和薪水息息相关的信息。当你看到那些分散在表格与 PPT 中的数据时，是否怀着质疑精神？从作者的经验来看，很多时候并非如此。出现在会议室中的数据往往被视为铁一般的事实，白纸黑字不容置疑。

为什么会发生这种情况？可能是因为你没有时间质疑、推敲，或收集更多的数据。很多时候，被用作展示的数据就是我们所有的数据，我们只能依据它而行动，并在发生问题时从中寻找原因。当面对这样的限制时，质疑精神就自然而然被抛在一旁了。另一个可能的原因是，即便我们知道数据中的问题，但我们的上级领导未必知道。这会造成连锁反应——每个人都认为自己的上级（甚至下级）已经板上钉钉地接纳了这些数据，最终导

① 美国是两党制国家。

致所有人都“默认”了这一数据是正确的。

数据达人则会打破这个连锁反应，这要从理解随机波动开始。

关于“统计学思维”

本书所说的“统计学思维”是一个笼统的含义，就像本章开始的引言中定义的那样。人们或许更倾向于使用其他的名称，如概率思维、统计学素养，或是数学思维。但不论选择哪个名字，它们都涉及对数据和证据的评估。

有些人或许会感到奇怪，为什么思维方式如此重要。工作和生活中，大多数情况下我们都不需要在意它，那么为什么现在要开始关注呢？为什么数据达人需要关注思维方式？

在一篇题为“数据科学：受过教育的人都该了解的事”的文章当中，哈佛大学的经济学家兼教务长阿兰·贾伯解释道：“了解数据的益处是显而易见的，在当今愈发重要。随着人们根据数据给出的预测越来越准确，数据科学的价值也与日俱增，这个领域也会吸引更多的关注。但与此同时，进步也会引发自满情绪，让我们对这一学科的缺陷视而不见。未来的工作者们不仅需要认识到数据科学将如何协助他们的工作，也需要认识到数据科学的不足……我们需要对概率思维有更深入的了解，也要具备衡量证据的能力，这会造福所有人。”

3.2 无处不在的随机波动

我们观测的数据会波动，这并不是什么石破天惊的大新闻。

股价每天都在变化；随着收集数据的公司或时间不同，民意调查的结果也会波动；油价时高时低；看医生时我们的血压会升高……即便是每天上班通勤需要的时间，如果精确到秒，也会随着交通状况、天气、是否需要接送孩子，或途中是否停下来买了一杯咖啡而有所不同。万事万物中都有随机波动，对此你有何想法？

你或许能够接受，或至少可以忍受这些日常生活中的变化，甚至也有可能享受它们（当然，股价除外）。但总体而言，我们都知道，事物在时时变化，而并不是所有时候我们都能解释清楚变化的原因。在交车辆保养费或电费时，只要是在可以理解的范围之内，我们可以接受每次的价格略有不同。但就像之前3.1节中解释的，当遇到与我们的职业前途或公司前景有关的数据时，我们更难批判性地看待。

一家公司的销售额每天、每周、每月和每年都在发生波动。前一天和后一天的顾客满意度有可能大相径庭。如果我们接受了随机波动的现实，就不必对每个波峰与波谷做出解释。但在商业活动当中，解释却是必需的。公司高层可能会问：某一周的销量为什么格外高？试图让我们得出答案后，又会让我们重复能够增加销量的“好”做法，减少那些“坏”做法。在涉及我们自己从事的工作时，随机波动将会带来无助感。

当涉及商业活动时，我们可能就没有自己想象的那样对随机波动习以为常了。

事实上，波动分为两种。第一种波动来自收集和测量数据的方法，称为测量误差。第二种波动是过程本身带有的随机性，称为随机波动。乍一看，二者之间的区别无关紧要，但对于统计学思维而言，其中的差别却十分重要。当我们做决策时，是基于一个不可控的随机波动，还是一个本质上可控的潜在过程？我们都希望是后者。

简而言之，波动会带来不确定性。

接下来通过一个虚构案例和一个真实案例来说明这一点。

虚构案例：客户满意度调查[①]

假如你是一家连锁超市的管理人员，而公司总部密切关注着店铺客户满意度的数据，这些客户通过拨打小票上提供的电话号码反馈他们的意见。问卷要求顾客用数字 1～10 描述自己的满意程度，1 表示“非常不满意”，10 表示“非常满意”。虽然问卷还涉及一些其他的问题，但最终只有总体评分起作用。

除此之外，总部只希望看到 9 分和 10 分，8 分在他们看来和 0 分没有什么区别。数据以周为单位收集，最终以 PDF 文件的格式送到管理店铺的你以及总部办公室手中，文件里都是一些花花绿绿的图表，长度刚好足以传达这些信息。但这些数字将会影响你和你上司的奖金，于是每周你必须高度紧张，努力钻研这些数字，使得 9 分和 10 分的比例达到 85%。

现在我们讨论一下波动的来源——问卷调查是如何衡量结果的。用 1～10 的数字来衡量任何东西都是糟糕的做法。对一个人而言的 10 分体验（“他们不卖我想要的东西，但其中一位工作人员帮我找到了替代品！”）对于另一个人来说可能只值 5 分

① 我们之所以格外关注客户满意度，是因为它：很难精确测量；受到小部分人群的高度影响；被管理层高度看重。

("他们不卖我想要的东西！一位工作人员不得不帮我找替代品。")。更何况，其他可能的变量未被考虑在内，如超市里有一个粗鲁的员工，或超市里人太多，或经济下行导致每个人都心情欠佳，或其他顾客是否带着孩子购物……及无数其他的可能性。

我们并不是说问卷的形式应该被舍弃，而只是想要说明，这种收集数据的方式会带来一些常常被人忽略的误差。如果忽略这些误差，就会把预期之外的偏离归因于低质量的服务，而非评判标准本身带来的差异。于是商家就会盲目地追逐着高分(9分与10分)，却不明白这些波动的真正来源是收集数据的方法。

事情可能是这样的——假设每天有50个人提供反馈，持续52周，一周就会得到350份问卷，一年就会得到18200份。

有了这样的参与度，你或许会认为这很好地反映了客户感知。于是，在每周结束时，收集结果，总部计算出9分与10分的总数，再除以350，并将结果总结成图3.1中的图表。数字在85%以上时，你会获得表彰；而数字在85%以下时，你会开始焦虑。每周一你都会收到上周的结果，并与总部通电话讨论这个数字。想象一下第5～9周的谈话该有多么紧张，只差一点点就能达标了。直到第10周，你终于突破了那条线，而这毫无疑问要归功于上司的决心。但是很快，第11周到了，你得到了一个新低。如此循环往复。

但是，图3.1中显示的是纯粹的随机现象。我们生成了18200个随机的数字，都是8、9和10，用来代表顾客反馈的打分，并把它们打乱①。我们从每一"周"中取出350个数字，并计算满意率。数据集中9分和10分一共占85.3%，这非常接近真

---

① 在我们的模拟中，得到8分的概率是15%，9分的概率是40%，10分的概率是45%。因为数据是人工生成的，所以我们知道真实的满意率，即9分和10分的概率之和，是85%。

实值85%,并达到了总部设下的标准。但由于随机波动,每周的结果围绕着标准线上下浮动。

由于缺乏统计思维,你、你的上司,和总部的所有人都努力提升服务水准,希望提高一个随机数字,尽管你们所做的一切对这个数字完全没有影响。

我们将这种行为称作达标幻象,即试图提升一个缺乏统计学意义和基础的指标。

在你的工作中,是否有这种现象呢?

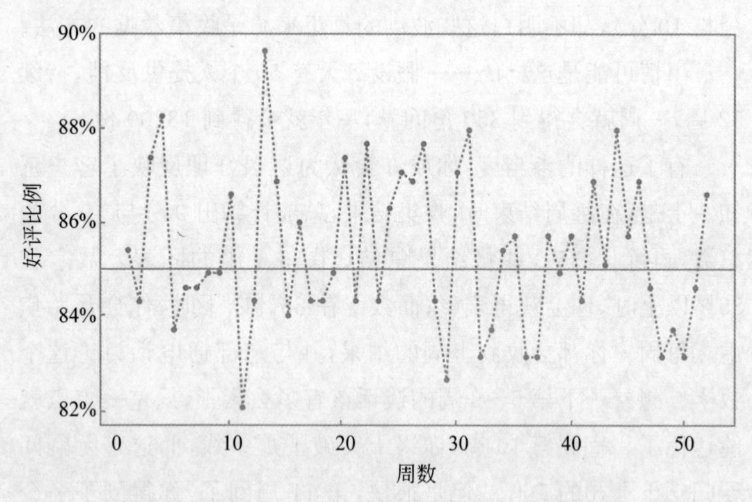

图3.1　每周顾客反馈中好评所占的比例,水平线代表达标标准,即85%

案例分析:肾癌发病率

按照每10万人中的病例数来看,美国肾癌发病率最高的地区是其中西部、南部和西部乡村地区的某些郡。

设想一下为什么会这样。

或许你会认为,在美国中部的乡村地区,医疗条件比较差。又或者,高蛋白、高盐、高脂肪的不健康饮食习惯,外加过多摄入的啤酒和雪碧也是可能的原因。围绕事实编织叙事,这是很简单、很自然的事情。你甚至也可以想象出,研究者为了减轻肾癌发病率高的状况,已经开始制订应对措施。

但与此同时,还有另一个事实:美国肾癌发病率**最低**的地方,也同样是中西部、南部和西部乡村地区的某些郡,而且往往与那些发病率最高的地方相邻。[①]

怎么会这样呢?两个人口结构相似的地区怎么会得出大相径庭的结果?用来解释为何乡村地区具有高发病率的每个原因,在相邻的地区或多或少都能找到。所以,其中一定有一些其他的原因。

让我们从美国中西部找两个郡,设为A与B,并假设它们各有1000个居民。如果A郡没有病例,发病率就是0,很显然是最低的。而如果B郡有1个病例,它的发病率就是每10万人100个,是全美国最高。极小的人口数量导致了很大的波动,于是同时带来了最高和最低的发病率。作为**对比**,如果在拥有150万人口的纽约郡(纽约市曼哈顿区)多了一个病例,基本无法对整体结果带来任何影响。75例和76例对应的每10万人发病率分别是5和5.07。

这个现象是真实存在的,《科学美国人》杂志为此发表了一篇文章,题为"最危险的公式"。[②] 图3.2总结了美国各个郡的癌症发病率与人口的关系,那些人口最稀少的郡分布在图中左侧,它们的癌症发病率波动幅度非常大,从0到20,分别包括了全美国的最低和最高值。随着人口逐渐增多(对应着图中从左到

---

① 如果我们先说发病率最低的是乡村地区,你会给出怎样的理由来解释呢?试试吧,你会发现围绕数据编故事是很容易的事情。

② Wainer, H. (2007). The most dangerous equation. *American Scientist*, 95(3): 249.

右)，波动幅度逐渐减小，使得图表整体呈现三角形。右侧的人口密集地区波动很小，意味着额外的病例很难影响整体结果，最终稳定在 10 万人中约 5 例。

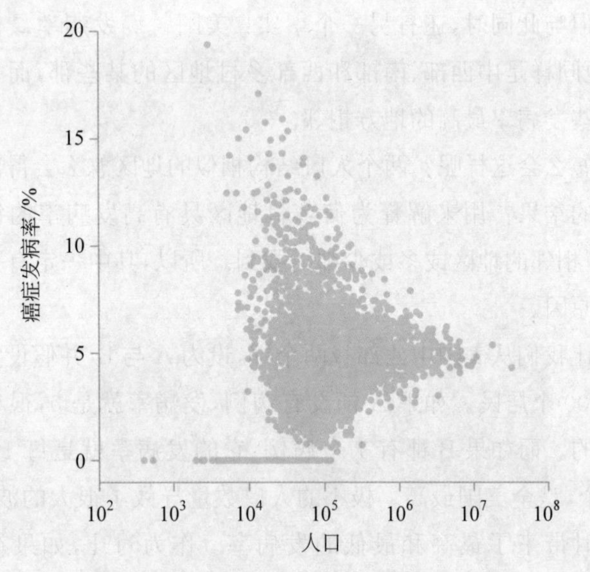

图 3.2　癌症发病率(图源：《科学美国人》杂志)

上面提到的文章中还分享了其他的例子，都与小样本带来的大波动相关。例如，在小规模的学校中，一两个不及格的学生将会使学校的整体及格率受到极大的影响。小样本往往会带来极端结果。

3.3　概率与统计

前文我们解释了随机波动，并讨论了它会为很多行业带来不确定性。而不确定性是可以被人为控制的，这就是概率与统计的用武之地。

当描述结果数字时,我们常常混用"概率论"与"统计学"这两个术语,或是把它们相提并论。但这里我们可以稍稍深入一些,理解其中的不同之处。

想象一大袋鹅卵石子,你不知道它们的颜色、形状和大小,也不知道袋子里有多少个石子。但你可以伸手从袋子里随机拿出一把。

现在我们有一大袋内容未知的鹅卵石子,外加手里的一小把,也没来得及看。你既不知道袋子里是什么状况,也不知道自己手中是什么状况。

概率论和统计学的区别之处就在这里——在概率论当中,你知道袋子中的情况,并利用这些信息去猜测手中的情况。在统计学当中,你看向自己手中的内容,并用这些信息去反推袋子中的内容。

简而言之,概率论从大及小,统计学由小见大。

现在考虑两个现实中的例子。

(1) 拉斯维加斯的赌场是建立在概率论之上的。

每当你加入一个赌局,都相当于从赌场设置好的鹅卵石袋子中拿了一把。袋子里有"输"有"赢",代表"赢"的鹅卵石数量恰好足够吸引你继续玩下去。赌场对随机波动十分了解,它们通过精心优化的输赢率使你保持兴致,借此盈利。而长期看来,赌场总会赚钱,因为他们设计了那袋鹅卵石,准确地知道那里面究竟有什么。对于赌下的每一注、桌上的每一枚筹码、每一次拉动老虎机,赌场都知道赢钱的概率是多少。如果你思考赌场中将会产生多少数据,就能够明白他们既生活在一个充满随机波动的世界,同时也能精准地把握可能发生的结果。

(2) 政治民调是建立在统计学之上的。

在赌场中,鹅卵石袋子是精心设计的,人们从中反复取样。

但在美国大选中，直至选举日，当所有的鹅卵石(即选票)在被计数之前，政客们并不知道袋子中究竟有些什么[①]。在选举日之前，政客和党派都只能看到随机选取的一小部分鹅卵石(即民调结果)，而且为了得到这些数据，他们需要花费大量资金。通过这个样本，他们可以推断出袋子中的模式，进而调整竞选策略。因为他们的信息并不完整，并时常伴随着偏差和错误，他们并不总能得到正确的结果。但当他们掌握了正确信息时，那往往能够成为决胜的筹码。

接下来，让我们简短地讨论一些与概率和统计密切相关的概念。

概率与直觉

我们之前提到随机波动是不可控的。但它可以被度量，而概率就是用来度量不确定性的工具。

有些情况下，概率符合我们的直觉。当我们扔一枚骰子时，我们知道得到某个结果的概率(每个结果均是 1/6)。这些与偶然性相关的小游戏背后是简单的概率论，它符合我们的直觉。事实上，正因它们看上去太简单，我们才无法察觉其背后的复杂性。一些商业广告就利用了这一点，用简单的概率迎合我们的直觉，让我们误以为自己对此有所了解。

你或许曾经见到过这样的广告词："5 名牙医中，有 4 名对 X 表示赞同。"X 可以是任何主张，比如口香糖能帮助减少蛀牙，或是小苏打能够使牙齿洁白，这无关紧要。

现在，假设你的面前有 5 位牙医。假设 80%的牙医都赞同

---

① 这里我们简化了问题，在美国大选中，党派都会试着影响袋子中的内容，包括鹅卵石的个数与颜色。但即便如此，他们仍然不知道袋子里的具体内容，而必须依赖取样。

X,那么这5位牙医中有4位表示赞同的概率是多少呢?[①]

100%? 90%? 抑或80%?

答案是41%。

直觉看来,这似乎太低了,但事实的确如此。让我们来看一看为什么。表3.1中显示了5位牙医中4位表示赞同的一个可能情形。

表3.1 牙医赞同广告内容的概率

	牙医1	牙医2	牙医3	牙医4	牙医5
是否同意	是	是	是	是	否
概率	0.8	0.8	0.8	0.8	0.2

这个组合出现的可能性$=0.8\times0.8\times0.8\times0.8\times0.2=0.08192$。

或者可以简写成:

$p=0.8^4\times0.2=0.08192$

但如表3.2所示,一共有5种组合可以达成1人反对的情形,因此我们将这个概率乘以5: $0.08192\times5=0.4096$,约等于41%。

表3.2 5名牙医中有4名赞同的可能情形

情况	牙医1	牙医2	牙医3	牙医4	牙医5
1	同意	同意	同意	同意	不同意
2	同意	同意	同意	不同意	同意
3	同意	同意	不同意	同意	同意
4	同意	不同意	同意	同意	同意
5	不同意	同意	同意	同意	同意

① 例子的来源:www.johndcook.com/blog/2008/01/25/example-of-the-law-of-small numbers。

或许5名牙医中有4名表示赞同，但这并不意味着**每5名**牙医中都有4名会认同X。回到我们的鹅卵石比喻上，如果整袋鹅卵石中有80%是白色，20%是黑色，当我们一把抓5个石子时，有可能5个都是白色。在另一些罕见情况下，我们会得到5个黑石子。这就是随机波动。

我们之所以分享这个例子，也是为了再一次强调人们往往会低估随机波动的大小，尤其是在处理小样本的时候。人们依照直觉期望看到的情况鲜少与根据概率论计算出的实际情况相符。而**低估随机波动**则会导致人们**高估小样本数据的可信度**，这被称作"小数定理"，定义是"挥之不去的信念……认为小样本能忠实地反映整体的样貌"。[1]

一位数据达人应该具有统计思维，而这意味着对直觉保持警惕，知道它有时会欺骗我们。接下来的章节将在这方面给出更多的例子。

统计发现

统计学往往被分成**描述性**统计和**推断性**统计。你可能已经对描述性统计非常熟悉，即便之前没有使用过这个术语。描述性统计指的是那些用来总结数据的数字，你会在报纸上或工作报告中看到它们——上季度平均销量、年度同比增长、失业率等。平均数、中位数、极差、方差和标准差都是描述性统计，有特定的计算公式，在统计教材中都会涉及。

描述性统计对数据进行了有意的简化，例如，为了将记录着公司产品销量的一整个表格浓缩成少数几个关键数字，用以总

① Tversky, A., Kahneman, D. (1974). Judgment under uncertainty: Heuristics and biases.*Science*, 185(4157): 1124-1131.

结主要信息。回到那个鹅卵石的比喻上,描述性统计指的就是数一数手中的鹅卵石,并总结出结果。

尽管这一步很有用,但我们鲜少停留在这里。我们想要更进一步,研究如何通过手中的信息,对整个袋子中的情况做出有理有据的推断。这就是推断性统计,它是一个过程,“从整个世界到数据,再从数据返回整个世界”。[①] 我们将在第7章深入讨论这个话题。

现在先举一个例子。想象一下当你看到这样的报纸头条时会作何反应:“75%的美国人相信UFO存在!”接着,你发现那是在美国新墨西哥州罗斯维尔的国际UFO博物馆与研究中心采访了20名游客后得出的结果。你认为能够通过这些信息来准确地推断美国人中究竟有多少相信UFO吗?

一个数据达人会立刻引起警觉。这个75%的统计数字并不准确,因为如下几个原因。

(1) 样本偏差。前往国际UFO博物馆与研究中心的游客比普通大众更有可能相信UFO存在。

(2) 小样本。我们已经看到过小样本会带来多么大的统计误差,从20个人的样本推断上千万人的想法是不可靠的。

(3) 隐含假设。头条新闻提到了相信UFO的“美国人”,因为样本是在美国选取的。但你或许已经注意到了,该博物馆是一个国际旅游景点。你无法确定参与调查的每位游客都是美国人。

像偏差和样本量这样的概念,都是用来帮助我们衡量某个统计推断结果是否合理的工具。它们是你工具箱中的重要组

---

① O'Neil, C., Schutt, R. (2013). *Doing data science: Straight talk from the frontline*. O'Reilly Media, Inc.

件。而搞清隐含假设同样重要。想要像一个数据达人一样思考,就意味着你不能按照表面含义接受结论中的那些隐含假设。

所以,当你在工作中接触数据时,不要一味接受其中的信息,也不要盲目相信自己的直觉。

掌握统计学思维和学会质疑都是数据达人应该做的。接下来的章节中,我们将会指出哪些问题有助于读者增进统计思维。

统计学思维参考资料

在本章开头,我们提到,本章所涉统计思维只是统计学中的冰山一角。幸运的是,有几本非常优秀的书籍对统计思维进行了更深入的讨论。作者最喜欢的几本是:

- 《糟糕的谎言与统计学:如何理解媒体、政客和活动家给出的数字》(*Damned Lies and Statistics: Untangling Numbers from the Media, Politicians, and Activists*, by Joel Best)
- 《如何避免犯错:数学思维的力量》(*How Not to Be Wrong: The Power of Mathematical Thinking*, by Jordan Ellenberg)
- 《如何利用统计学撒谎》(*How to Lie with Statistics*, by Darrell Huff)
- 《赤裸裸的统计学:如何不再害怕数据》(*Naked Statistics: Stripping the Dread from the Data*, by Charles Seife)
- 《可证性:你是如何被数字欺骗的》(*Proofiness: How You're Being Fooled by the Numbers*, by Charles Wheelan)

- 《醉鬼的步伐：随机性如何掌控我们的生活》(*The Drunkard's Walk: How Randomness Rules Our Lives*, by Leonard Mlodinow)
- 《信号与噪声：预测成功与否的因素》(*The Signal and the Noises: Why So Many Predictions Fail-But Some Don't*, by Nate Silver)
- 《思考，快与慢》(*Thinking Fast and Slow*, by Daniel Kahneman)

本章小结

本章给出了统计学思维的基础内容,以此为起点,我们将展开本书的其他内容。

首先,我们提到了随机波动的重要性,并强调了我们应该了解它在测量过程中以何种方式存在。在调查客户满意度的案例中,我们看到问卷的形式往往会带来很大的误差。这种误差并不是因为服务本身有问题(虽然并不排除这种可能性),而是因为问题本身的设计,使得本来相似的情况可能带来截然相反的结果。

我们还讨论了概率论与统计学,它们是处理随机波动的优良工具,能够显示哪些波动是可以预测的,而哪些是在长期看来无关紧要的。概率论由大及小:它建立在非常庞大的信息之上,告诉我们如果随机从中取一小部分,有可能得到怎样的结果。统计学以小见大:它通过我们手中持有的部分,告诉我们有关整体数据的某些信息。当我们想要的信息被隐藏起来时,统计学与概率论都有助于让我们对整体图景有更多的了解。

最后,我们谈到了如何利用概率论与统计学的知识来帮助我们保持正确的怀疑态度。

第 2 篇

掌握数据达人的语言

本书的第 2 篇"掌握数据达人的语言"承接上一篇的内容，继续讨论统计思维与质疑精神的话题。本篇给出了你在审核他人的工作以及展开自己的工作时应该询问和思考的问题——其中的很多章节就是由问题来命名的，你可以把它当作一个"犀利"问题的参考清单。本篇包含以下内容：

第 4 章　质询数据

第 5 章　探索数据

第 6 章　检查概率

第 7 章　质疑统计

当你在工作中遇到统计与分析结果时，可以借助这些章节中的内容提出有效的问题。

第 4 章

质询数据

一些数据外加对答案的急于求成，并不意味着能够得到合理的结论。

The combination of some data and an aching desire for an answer does not ensure that a reasonable answer can be extracted from a given body of data.

——著名统计学家约翰·图基

（John Tukey）

当你成为数据达人之后，你就需要开始担起领导职责，针对项目中用到的数据提出问题。

这里的“数据”指的是原始数据（raw data），也就是储存在表格或数据库里的那些数据。它们将作为数据分析中的原材料，用来计算统计结果、建立机器学习模型，或是制作可视化展示图。如果原始数据的质量欠佳，那么任何数据清理方法、统计方法或是机器学习方法都不能掩盖这些瑕疵。所以，本章的主旨可以归结为一句老生常谈：“废料进，废品出。”（Garbage in, garbage out.）本章将介绍几类问题，它们将有助于帮你评估数据是否有瑕疵。

我们总结了 3 大类问题，用来质询数据。每个大类当中，我们又进一步提出了可供后续跟进的问题。

- 数据的来源是什么？
  - 数据由谁收集？
  - 数据是如何收集的？
- 数据是否具有代表性？
  - 是否存在取样偏差？
  - 离群值是如何处理的？
- 是否缺少某些数据？
  - 如何处理缺失数据？
  - 现有数据是否可以度量目标值？

本章接下来的部分将会讨论每一类问题，指出提出它们的必要性，并展示它们能够揭示的缺陷。

但在那之前，我们要先进行一个思想实验。

4.1 你会怎么做？

你正在负责某科技公司一个备受关注的项目，它即将为整个行业带来巨大的突破。这对你个人的工作甚至整个职业生涯来说，都是一个决定性的瞬间。如果你能够给出一个成功的产品展示，就意味着曾经那些加班的夜晚将会得到回报，你会达成高层那些过于乐观的预期，让项目的一再延期变得无关紧要，你一再要求的高额研究预算也会有着落。

而现在正是样车发布的前夜。

高管、员工、潜在投资者和媒体记者们从四面八方赶来，想要见证这个汽车史上的重要时刻。但当晚，团队中的资深工程师报告说明天的气温预计会到 0℃以下。工程师指出，低温很可能使样车上搭载的全新自动驾驶系统失灵。他们并不是说坏事一定会发生，只是提出这个系统尚未在低温条件下测试过。虽然最终它会经历低温测试，但现在，展示有可能会演变成一场众目睽睽下的昂贵灾难。

但推迟发布会也会带来高昂的成本。这样的活动一旦取消，就很难再次安排。在万事俱备前可能又需要等几个月，你所在的公司为这一天已经花了将近一年的时间来造势。如果明天的发布会延期了，那么这股兴奋劲儿就不那么容易再被调动起来了。

你要求工程师展示数据证实他的担忧，即论证低温会使车的内部零件失灵，图 4.1 是他给出的数据。

你的工程师解释说，他们在不同温度下共进行了 23 次试

驾，如图 4.1 所示，自动驾驶系统出现问题的试驾共有 7 次，其中 2 次当中，有两个关键部位失灵。

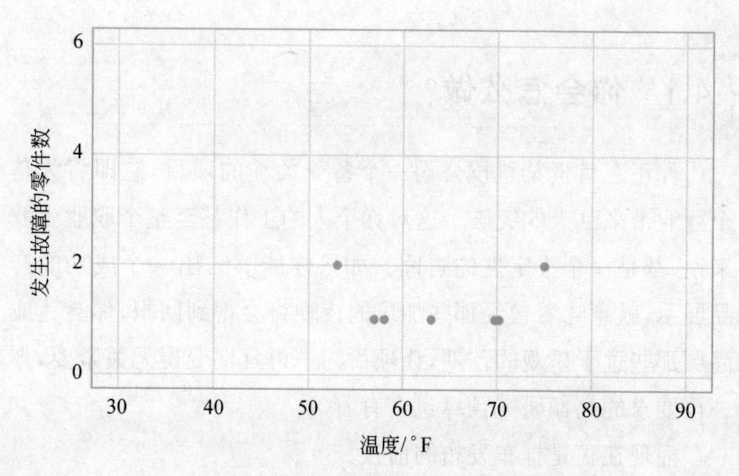

图 4.1 失灵关键部位个数相对于温度的散点图

确实，工程师们已经考虑到了零件故障的可能性，因此设计了冗余(redundancy)。系统中有 6 个关键零件(因此图表纵轴的上限是 6)，而由于存在冗余，所以其中的某些零件发生故障不会影响车辆的运行。在 23 次测试中，在 12℃(53℉)[①]和 24℃(75℉)的试驾中，各有 2 个零件发生故障，其他测试中故障零件的个数均小于 2，而在所有的试驾当中，这些故障都没有影响车辆的正常运行。试驾时的最低温度是 12℃(53℉)，最高温度是 27℃(81℉)。

“但我们确实没有在更低的温度下进行过测试。”团队中的工程师表示，而你从他们的语气当中听出了焦虑。

从你的角度看来，温度似乎对零件故障率没有太大的影响，

① 译者注：华氏度(℉)与摄氏度(℃)的换算公式为华氏度(℉)＝32＋摄氏度(℃)×1.8。

它们都发生在零上的温度。很难想象低温带来的影响会比23次试驾当中那些2个零件发生故障的情况更糟糕。而且当只有4个完好的关键零件时,车辆仍然能够正常运行,如果明天最多有2个零件会发生故障,那又有什么关系呢?

你会怎么做?推迟发布会还是照常举行?

稍等,数据集中是否还存在某些值得参考却缺失的数据?

缺失数据灾难

1986年1月28日,一个寒风凛冽的日子,在全世界的关注下,美国航空航天局(NASA)在佛罗里达州的肯尼迪航天中心发射了"挑战者"号航天飞机。

很多人都听说过"挑战者"号的事故,但大概很少有人知道其背后与数据相关的事情。事实上,"挑战者"号上共有6个被称为O形圈的关键零件,它们能够防止火箭推进器中的燃料泄漏。[①]在发射日前的23次试飞中,共有7次出现了O形圈故障。

这个例子看起来是否有些熟悉?

在发射前夜,美国航空航天局面对的是与你在前面提到的思想实验中同样的困境。事故发生后,美国时任总统里根命令成立了调查委员会,该委员会事后发布了《罗杰斯委员会报告》,该报告中称,在发射前夜曾经召开了一次会议,针对此事进行讨论。

在O形圈由于热胀冷缩带来的故障数相对于温度的散点图中,只给出了发生故障的试飞,而并非全部的试飞次数,如图4.2所示。[②]

---

① https://www.npr.org/sections/the two-way/2016/03/21/470870426/challenger-engineer-who-warned-of-shuttle-disaster-dies.

② https://spaceflight.nasa.gov/outreach/Significant Incidents/assets/rogers_commission_report.pdf.

报告中提到："通过这样的比较，最终认为在试飞的12～27℃区间内，温度对O形圈并没有明显的影响。"

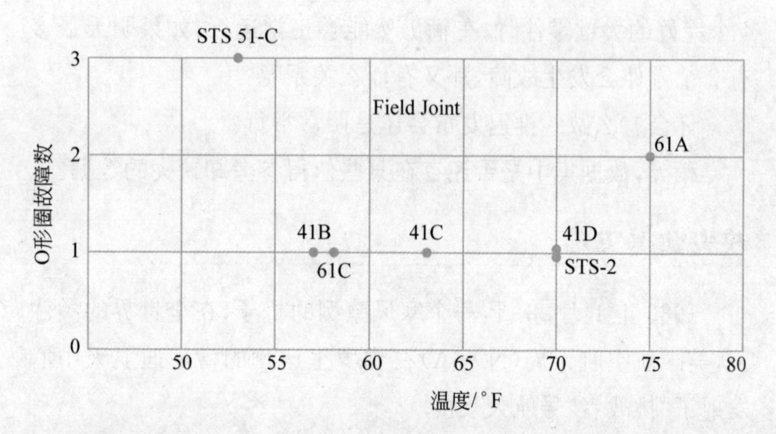

图 4.2　从《罗杰斯委员会报告》中截取的O形圈故障数相对于温度的散点图

根据他们对故障的了解，美国航空航天局决定继续发射。但在发射当天，由于气温格外低，O形圈的密封性受到了影响，航天飞机在发射73秒后解体，7位宇航员全部遇难。

你能意识到他们缺失了哪些数据吗？

那16次没有发生故障的试飞呢？图4.3中额外添加了《罗杰斯委员会报告》中提到的无故障试飞次数。

现在回到那个思想实验上——你会想到要去看那些缺失的数据吗？如果你想到了，并让一个统计学家对此进行分析，那么你或许就会注意到，零件故障与低温之间存在着关联性。

图4.4中展示了自动驾驶汽车例子中的全部数据，那些没有故障的试驾次数也包含在内。

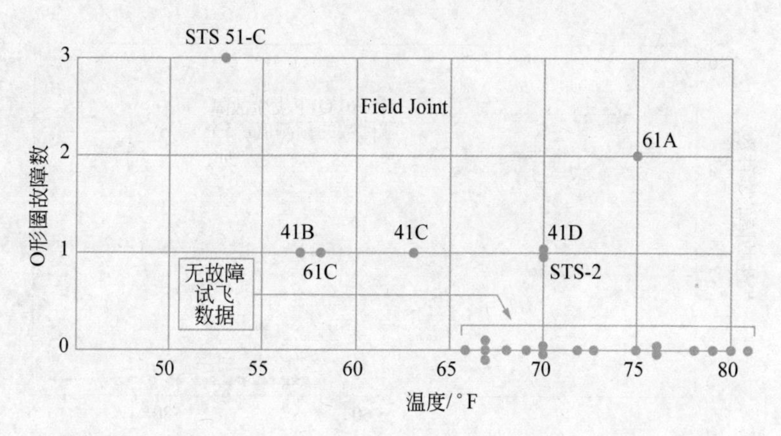

图 4.3　从《罗杰斯委员会报告》中截取的 O 形圈故障数相对于温度的散点图，额外添加了无故障的试飞次数

补充内容

在第 2 章“何为数据”中，我们提到了数据类型如何决定分析方法。这就是一个例子。故障数是一个离散数值变量，因此需要使用二项式回归的方法进行分析，而在第 9 章介绍的线性回归则适用于连续数值变量。二项式回归的细节超出了本书的范围，但我们想要强调的是数据类型对分析方法的影响。如果在这个例子当中使用线性回归拟合出一条直线，那么根据模型预测，在高温下的故障数将会变成负数，这显然是非常荒谬的。

在之后的几十年间，统计学家、工程师和研究者们对“挑战者”号的数据进行了大量研究①，我们想要借此展示数据工作者

① 数据可以在加利福尼亚大学尔湾分校的网站上找到：archive.ics.uci.edu/ml/datasets/Challenger＋USA＋Space＋Shuttle＋O-Ring。

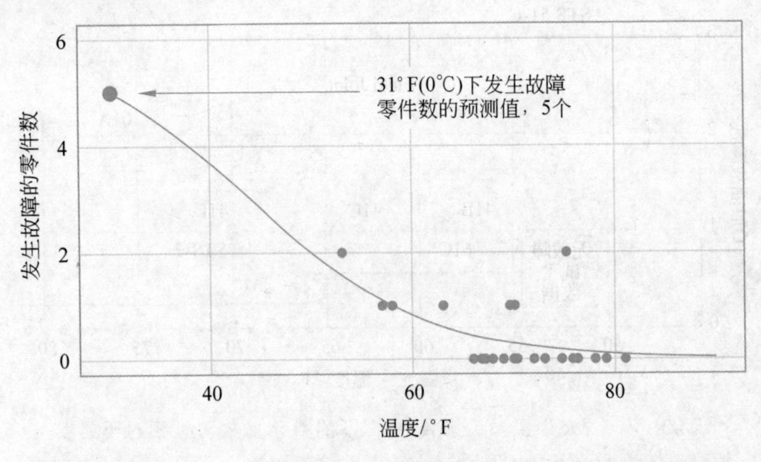

图 4.4　发生故障的关键零件数相对于温度的散点图，加入了无故障的试驾，图中的曲线是拟合的二项式回归模型

在现实中需要面对的问题。图 4.4 复现了统计学界的顶级刊物《美国统计学会会刊》中一篇文章中的分析，并预测在 0℃ 的环境下，6 个 O 形圈中的 5 个将会出现故障。图表中的数据在发射前夜并没有被考虑在内。文章中提到："统计学本应在发射决策的过程中提供有价值的信息。"[①]

你是否也希望在发布会的前一天晚上看到同一张图表呢？

Alex 对"挑战者"号数据的评论

敏锐的读者或许会注意到我们在图 4.1 中展示的数据与图 4.2 和图 4.3 中《罗杰斯委员会报告》的数据略有不同。图 4.1 当中，在 12℃ 附近有两起故障，而在图 4.2 与图 4.3 中各有 3 起。除此之外，其他的数据则是吻合的。

---

① Journal of the American Statistical Association，84(408)：945-957.

这是因为共有6个主要的O形圈和6个次级O形圈。在图4.2和图4.3中，12℃所示的3起故障当中，最后一起是发生在次级O形圈上的，这也是23次实验中唯一一起次级O形圈故障。因此，在这里我们只关注6个主要O形圈上的故障，这也是《美国统计学会会刊》上那篇文章的做法。

“挑战者”号的事故令人警醒，而这其实是一个常见的情形：我们倾向于只关注那些表面上相关的数据，而舍去那些我们认为无关紧要的数据。确实，如同“挑战者”这样严重的事故十分罕见，而正因为它的影响深远，所以被引为重要案例，且有着立竿见影的影响。

我们并不是想要证明“如果他们当时看到了整个数据集，就会做出正确的决定”。这是一个无法验证的假设，因为其他因素也在起作用。我们只是想要说明，当人们试图用数据来支撑自己的论点时，背后往往都有更多值得发掘的地方。

在这个意义上，“挑战者”号事故的教益是很明确的。许多企业并不懂得如何正确地运用数据，相反，他们在这方面的标准可以说是非常宽松。这使得数据项目在漏洞百出的情况下持续运行，并造成了许多长期的损失。

介绍完这一点之后，让我们回到本章的主题：如何质询数据？应该询问哪些问题？

4.2 数据的来源是什么？

所有的数据都有来源，当我们对此缺乏了解时，不能想当然，而应该明确地询问数据的来源。

通过询问数据的来源，你可以快速了解原始数据是否足以解决当前的问题，且不需要数学或统计学的知识来作答。更重要的是，我们认为这个问题可以营造出开放的氛围，并有助于建立对后续结果的信心，也可以有助于提出质疑。

我们应该仔细聆听这个问题的答案，关注"制造"这些数据的人或组织，及时发现他们在正确性与可信度上可能存在的问题。

具体来说，你应该发掘的是以下问题的答案：

- 数据由谁收集？
- 数据是如何收集的？它是观测数据还是实验数据？

数据由谁收集？

当询问数据由谁收集时，我们首先想要确定的是数据的来源。其次，我们想知道数据的来源是否存在某些相关的疑点，需要进一步澄清。

很多大公司都假设它们的数据来自内部资源。比如说，当某家公司想要使用员工内部数据时，这些数据却有可能是第三方通过对该公司雇员的问卷调查和相关信息得出的。数据最终有可能是通过公司名下的平台呈现的，因此看上去像公司内部收集并保有的数据一样，尽管实际并非如此。

因此，我们特别希望你查明究竟是谁收集了这些数据。作为一位数据达人，你必须质疑外部数据是否可靠，且与当下的问题是否相关。当第三方数据被移交给企业时，它们的格式往往无法达到直接使用的标准。你本人，或是数据团队当中的某人，需要先将第三方数据转化成符合公司需求的结构及格式。

数据是如何收集的?

你还应该质询数据是如何收集的。这个问题有助于确定针对数据得出的结论是否成立,同时也会帮助你得知数据收集过程背后是否存在伦理问题。

我们前面提到过,有两种主要的数据收集方式:观测和实验。

观测数据是通过被动观察收集的,例如网页的点击数、课堂出席率、销量数字等。实验数据则是在实验条件下,通过实验组和对照组之间的比较保证了数据的可靠性,并消除了其他因素的影响后得到的。实验数据是最高标准的数据集。由于实验是经过精心设计的,因此结果的可信度有所保证,所以这些数据可被用来支持因果关系。例如,实验数据可被用来回答以下问题[①]。

- 如果我们让患者服用新药,是否可以治愈疾病?
- 如果我们打八五折销售,是否会令下个季度的销量飙升?

然而,大多数商业数据都是观测数据。观测数据不应该被用来得出因果关系,至少不能只靠数据本身作为证据。[②] 由于数据并非按照某个实验设计精心收集的,当讨论数据的适用性以及从中得出的结论时,必须考虑到使其成立的特殊情境。任何从观测数据当中得出的因果关系都需要经过再三推敲。

通过质询数据来源,我们就可以察觉"现有信息不足以支撑因果关系"的现象。事实上,错误地提出因果关系是一个很常见的问题,本书接下来的内容将会多次涉及这个话题。

---

① 如第1章中指出的,这些正是你应该在数据项目上线前明确的商业问题。

② 通过一些巧妙的方式,可以从观测数据中得出某些因果关系。这依赖强力的假设和巧妙的统计学方法。研究这一领域的学科称为因果推断。

4.3 数据是否具有代表性？

你应该确保对于你所关心的问题来说，你手中的数据是有代表性的。如果你想得知全国青少年人的购物习惯，就应该确保手中的数据能够充分代表这个国家的所有青少年。

之所以会存在统计推断，是因为我们鲜少拥有解决当前问题所需的全部数据。我们必须依靠抽样调查[①]。但如果样本本身不够具有代表性，我们从中得到的知识将无法正确反映真实世界。

想要知道数据是否具有代表性，可以提出如下两个问题。

- 是否存在取样偏差？
- 离群值是如何处理的？

是否存在取样偏差？

取样偏差指的是数据样本与整体数据之间存在的系统性误差，这种误差往往是在基于数据做出许多错误决策之后被间接发现的。只有在依据数据做出的预测连续落空之后，分析师才会回过头检查数据本身是否正确。

如果你想了解一个政客的支持率，却只从支持他所在党派的投票者当中调查，那么你所得到的数据将会存在取样偏差。一个优秀的实验设计有助于减小取样偏差出现的概率，观测数据却尤其容易受到取样偏差的影响。我们往往会想要确定收集数据的目的是否符合预期，却很少在意数据是否具有足够的代表性。

我们应该假设所有的观测数据都是存在偏差的，但没必要把

① 将整个群体的数据全部收集起来，这种行为称为普查。

这些数据弃置不用，只是在呈现它时，应该对其缺陷进行说明。

离群值是如何处理的？

假设你在观测一家公司的薪酬数据，并注意到一位新来的管理人员年薪是 5000 万美元，你会把这当作离群值吗？又会如何处理它？

离群值指的是那些与其他数据点相距很远的数据点。当发现离群值之后，应该对此进行详细探讨，决定是否应该把它从后续的分析当中移除。当极端值对分析造成了不合理的影响时，并不意味着一定要移除数据。想要移除一个数据点，必须有着合理的商业考量。

随意指定并移除离群值有可能带来取样偏差。当离群值被移除时，原先的数据和移除的理由必须被记录在案，并充分传达，尤其当移除离群值会对结果带来极大影响时。

4.4 是否缺少某些数据？

缺失的数据可能未被记录（缺少数据来源），也可能未被呈现。来看下面两个例子：

- 在计算失业率时，未就业者未被考虑在内；
- 在“挑战者”号的例子当中，23 个数据点中的 16 个是缺失的。

思考数据当中缺失了哪些信息是一件有价值的事情，我们要学着做一位“数据侦探”。[1]

① 后面讨论“幸存者偏差”时，我们将会再次接触这个话题。

如何处理缺失数据?

缺失数据就像数据集当中的漏洞,部分是未被收集的数据,部分是被移除的离群值(参考 4.3 节)。虽然缺失数据会带来困难,但也能够采取一些方法轻松应对。因此,询问缺失数据是如何被处理的,是一件有意义的事情。

假设你任职于一家银行,工作内容是收集信用卡申请者的信息:姓名、住址、年龄、雇佣状况、收入、每月的住房支出、名下的银行账户个数等。你的任务是预测这些申请者在下一年是否有可能拖欠还款,然而,有好几位申请者没有提供他们的收入信息。因此,系统中的这一栏被留白,数据因此缺失。

让我们回到数据的源头。在申请信用卡时,一些申请者之所以不填收入,可能是因为他们认为自己的收入过低,导致他们的申请无法通过。所以,数据缺失本身就会对预测申请者下一年是否可能拖欠还款有指导意义。这是很有价值的信息,不应该被弃置不用。

根据这一点认知,数据科学家可以生成一个新的变量,称为"是否提供收入信息",当申请提供收入时值为 1,反之则为 0。通过这种方式,你可以将缺失数据转变为一个分类变量。

现有数据是否可以度量目标值?

我们经常认为我们可以度量一切,但需要小心确认的是,我们手中的数据是否确实可以度量那些复杂的事物。

考虑如下几个例子:

- 如何衡量顾客的忠诚度?
- 该用怎样的数据来衡量"品牌资产"或"口碑"?
- 该用什么来衡量你对你的小孩或宠物的爱?

这都是难以衡量的事物。将信息进行编码转换为数据，可以帮助我们接近答案，但在大多数情况下数据都只是作为中介，让我们可以间接认识那些我们想要度量的事物。至于这个中介在多大程度上反映了现实，则不能一概而论。[①] 在衡量品牌资产或口碑这类复杂事物时，我们就需要做出很多间接的近似。

而在数据可以间接反映的现实范围内，我们则应该保持诚实。

4.5 数据集的大小

人们很容易认为，随着数据量的增加，抽样数据当中的缺陷就能逐渐被克服，即"样本量越大，结果就越可靠"——然而这是对统计学的错误认知。如果收集数据的方式妥当，那么增大样本量确实有所帮助；但如果数据本身存在偏差，那么收集再多的数据也无济于事。

于是，曾经那些关于大数据的热度也只持续了短短一阵——简单地增加数据量事实上并不能带来更严谨的结论。不要认为只要数据集足够大，就不必再进行质疑。在统计学上，并不存在一个限度，只要样本量超过这个限度，就能保证其中不含有任何偏差。统计学只能在你手中的数据与你想要了解的事实之间建立联系。[②]

---

① 在制造业、工程业和研究机构当中，我们往往依赖仪器的测量数据作为中介，此时还应该考虑这些测量结果是否可以稳定复现。

② 对于多少样本量算作合适，统计学家们进行了大量研究，并提出了统计功效的概念。我们会在第7章中对此进行讨论。

本章小结

在本章的开篇，我们从决策者的视角出发，详细讨论了“挑战者”号的事故。正如我们在本书开头指出的，聪明人也会在数据上“栽跟头”，不论是个人还是机构，都有可能犯错。

所以，我们提出了一些问题，并说明了你可以通过提出这些问题发现哪些隐患。我们希望你可以运用这些问题，更深入地了解你接触到的数据。在此基础上，你还可以设计自己的问题。我们强烈推荐你将自己的问题分享给整个团队，这样你们就可以保持协同。数据达人可以起到一个示范作用，通过持续地提出犀利的问题，来加深团队人员对数据的了解。

第 5 章

探索数据

如果你无法为数据科学家提供可靠的数据……那么你注定会得到一堆糟糕的分析。[①]

If you tell a data scientist to go on a fishing expedition... then you deserve what you get, which is a bad analysis.

——托马斯·C.里德曼(Thomas C.Redman),
"数据医生",《哈佛商业评论》撰稿人

① 埃米·加洛主编的《哈佛商业评论管理必读:数据分析》第 10 章中引用了这句话。

在会议室中汇报和展示的数据项目总是显得非常简单明了,但实际上却并非如此。股东们看到的往往只是一个精心准备的幻灯片,按照从问题到数据再到结论的顺序依次呈现。但在这当中,有些想法被忽略了,包括数据团队在得到结果的过程中做出的那些重要决策。一个优秀的数据团队从不会只向一个方向前进,而是会根据从数据中获得的新发现灵活地改变方向。随着项目的推进,他们也会时不时地回到早期的想法,探索其他方向的可能性。

这类对数据反复检验探索的过程称为探索性数据分析(Exploratory Data Analysis,EDA)。这个概念在1970年由约翰·图基提出,指的是在采用复杂方法之前,先通过简单的汇总统计和可视化方法获得对数据的初步认知。[①] 图基认为,EDA的过程就像侦探的工作流程一样,通过从数据当中获取更多的线索,确定下一步的行动。事实上,EDA是另外一种"质询"数据的方式,它是任何数据工作当中必不可少的一部分,帮助人们确立并不断调整项目的方向。

5.1 探索性数据分析

有些人或许会对探索性数据分析的概念感到抗拒,因为它

① 参见约翰·图基《探索性数据分析》。

揭露了数据工作背后的实质(或艺术)。当两个数据团队拿到同样的数据和问题时,他们或许会沿着完全不同的路径探索,而最终得出的结论可能相同,也可能不同。这是因为,在探索的过程当中要做出太多的决策,不可能始终保持一致。每个人都会根据他们不同的背景、想法和工具,决定怎样才能最好地解决问题。

因此,本章将探索性数据分析视为一个持续的过程,每位数据达人都应该参与其中——不论你是第一手的数据工作者,还是在会议室当中听报告的商业领导。你将学会在探索数据的过程中该提出哪些问题,以及该注意哪些方面。

你是管理者还是负责人?

如果你是利益相关者、管理者,或相关领域的专家,那么请尽可能地与数据团队保持沟通,坦诚地对话,并做好进行多轮交流的准备。与他们一起设立正确的假设,不要让数据团队在不清楚商业背景的情况下就开始搜寻数据。否则,他们将会采取在统计学上,而非实际应用上更有意义的方式开展工作,而一个错误的假设将会危及后续的全部结论。

我们完全理解管理者不能像数据工作者那样密切地参与项目,但这也不意味着这样的情况不会得到丝毫改善。如果你是管理者,你不必事无巨细地参与,但也不能不闻不问。①

① 利益相关者也不应该事无巨细地参与,商业团队和数据团队之间应该保持信任。

5.2 培养探索心态

数据团队可以借助各类软件，通过汇总统计或可视化的方法，快速又廉价地对数据进行初步探索。但探索性数据分析并不应被视为一个工具清单。它更像是一种心态，应当贯穿数据工作的每一个阶段，即使你没有相关背景也可以参与其中。

引导性问题

接下来，我们将通过一个简单的情境来帮助你培养探索心态。例子中使用了一个常用于教学的数据集：埃姆斯住房数据(Ames Housing Data)。[①] 在这个例子中，我们将会简要展示探索性数据分析的过程。

尽管正确的数据探索路径并不单一，但你可以通过提出下面 3 个问题，引导你的团队得出有意义的结论。

- 数据是否能解答问题？
- 你是否能从数据中发现某些相关性？
- 你是否在数据中发现了新的机会？

让我们进入情境，依次研究这 3 个问题，讨论它们的价值，并分享你可能会遇到的困难。

背景设定

你在一家房地产行业的初创公司工作，需要为公司吸引顾客，但你发现很难与那些房地产行业的科技巨头竞争。比如说，

---

① 该数据集可以在 www.kaggle.com/c/house-prices-advanced-regression-techniques 网站下载。

美国的 Zillow 公司开发了著名的 Zestimate 软件，用来估算房屋的价值。这不仅为 Zillow 公司招揽了大量顾客，也为他们赢得了丰厚的利润。为了与之竞争，你的公司也要开发自己的预测软件。所以，你的任务是构建一个模型，以房屋的信息作为输入，房屋的估价作为输出。领导给了你一个数据集作为起点，这个数据集共有 80 多个变量，描述了 2006 年到 2011 年间美国艾奥瓦州埃姆斯市售出的几百座房屋的信息。

一时间接收如此大的信息量或许会使人吃不消，但之前提到的那些问题可以帮助你缩小范围，找到一个出发点。

接下来，让我们依次讨论这些问题。

5.3 数据是否能解答问题？

尽管我们可能很想将所有的数据直接扔到某个时下流行的算法当中去(例如第 12 章将会涉及的深度学习)，但还是必须首先询问："这些数据是否能够解答问题？"很多时候，只需要简单地浏览数据，就可以找到答案。

建立预期，调动常识

假如让你说出估计房屋价格时需要使用哪些信息，相信你能说个八九不离十：房屋面积、卧室个数、卫生间个数、修建年代等。房屋买主往往会通过这些信息在你将要搭建的网站或平台上进行搜索。如果抛开这些信息去预测房价，将是空中楼阁。

当你打开展示数据的文件后，可以看到变量名和变量类型。那里有我们预期之中的变量，外加一些对预估房价有帮助的定序变量(房屋整体质量，从 1 到 10，10 代表"极佳")、定类变量(地段类型)，以及一些其他变量。这个数据集看上去比较正常。

接下来，你或许会想到检查变量的取值。它们覆盖了你想要分析的情境吗？比如说，如果你看到一个叫"建筑类型"的变量，发现其中只包括独栋住宅，却没有公寓或联排式住宅，那么相较于 Zillow 公司，你的模型就更加局限。Zestimate 可以为公寓估价，而如果你的数据当中没有公寓，那么你的公司就无法在这方面提供可靠的估值。

这里可以得到的教益是：避免本章开头的引言中提到的问题，确认我们得到的数据足够可靠，能够回答当前的问题。

变量取值是否符合直觉？

你可以借助软件生成一系列汇总统计，再结合问题的背景进一步分析数据，检查汇总统计的结果是否符合你对当前问题的直觉理解。可视化是探索性数据分析的重要组成部分，我们可以借助它来发觉数据中的异常之处。

数据可视化示例

接下来，我们会给出一些探索性数据分析的例子，其中用到了直方图、箱形图、条形图、折线图和散点图。如果你熟悉这些图表提供的信息，可以跳过这部分内容。

直方图可以显示连续数值数据是如何分布的。图 5.1 是房屋售价的直方图，可以看到，有 125 户的售价在 200 000 美元范围内，而右侧的长尾显示了那些最贵的房屋。右侧的长尾使得房屋均价(181 000 美元)高于售价中位数(163 000 美元)。当存在少数非常昂贵的房屋时，售价平均数就会高于中位数。

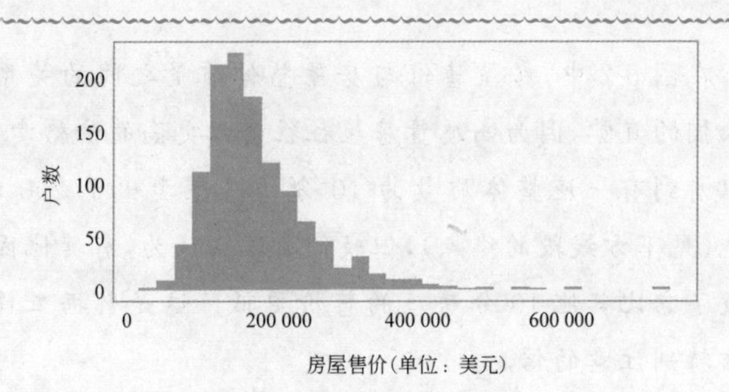

图 5.1 房屋售价直方图

直方图能帮助我们发现异常，如果我们看到售价为负值(买房反而赚钱?)或在图右侧有大量数据(这种情况往往发生在变量设置上限的时候，比如说将超过 500 000 美元的房屋都计为 500 000 美元)，就该引起警觉了。

箱形图①可以用来比较多组数据，图 5.2 中比较了不同质量评分的房屋售价数据，其中 1 代表质量极差，10 代表质量极佳。

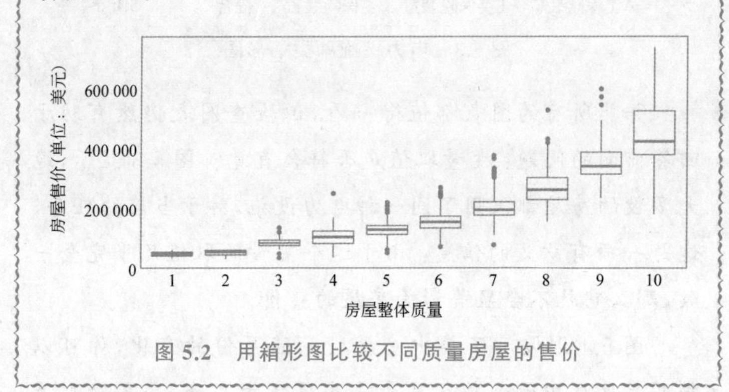

图 5.2 用箱形图比较不同质量房屋的售价

① 箱形图又称盒式图，图中的方形代表了中间的一半数据(也就是 0.25 分位数到 0.75 分位数之间的数据)，方形中间的横线表示中位数，两侧的线段显示了剩余数据的范围。线段以外的点用来表示可能的离群值。

在图 5.2 中，房屋售价与房屋整体质量之间的关系符合人们的直觉，因为高质量房屋往往会以更高的价格卖出。可以看到有一座整体质量为 10 分的房屋卖出了 200 000 美元（见下方线段的终点），但我们有理由认为，有其他因素导致了它比其他 10 分房屋的售价更低。这是数据工作者应该特别注意的信息。

图 5.3 中的条形图也可以用来显示分类数据的分布。

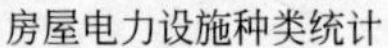

图 5.3 电力设施种类条形图

并非所有的图表都值得一看，但检查图表仍然有助于回答前面的问题：变量取值是否符合直觉？图 5.3 显示，绝大多数的房屋都采用了同一种电力设施，对于当前的任务，这是一项有意义的信息：由于这个变量的取值几乎完全一致，那么它就不会显著影响房屋的售价。

图 5.4 则展示了售出房屋数量随月份的变化，你可以很明显地从中看到每年夏季是房屋售卖高峰，而冬季则是低谷。这种现象称为季节性（seasonality）。折线图可以帮助你发现这类趋势。

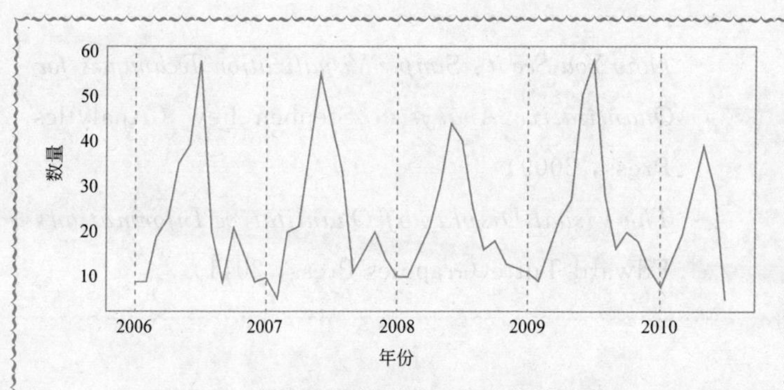

图 5.4 售出房屋数量随时间变化的折线图

图 5.5 是房屋售价与面积(如果是多层住宅,取单层的面积)之间的散点图。图 5.5 中的趋势也符合我们的直觉,一般而言,更大的房子就会更贵。当然,也会有例外,有的时候小房子反而比大房子更贵。其他因素会对房屋售价造成影响,但整体趋势是符合我们直觉的。而当我们想要预测房屋售价时,房屋面积看上去可以提供很有价值的参考。

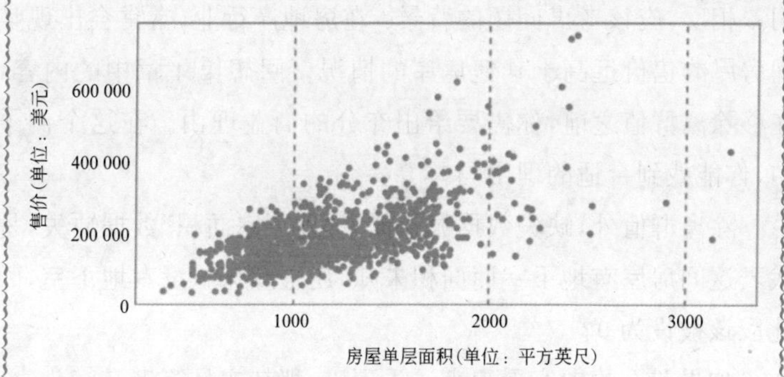

图 5.5 房屋售价与面积的散点图

这一部分简要介绍了你能快速从图表当中获取的信息。如果你想更深入地了解数据可视化,我们在此推荐两本书:

- *Now You See it*: *Simple Visualization Techniques for Quantitative Analysis*, Stephen Few (Analytics Press, 2009)
- *The Visual Display of Quantitative Information*, Edward Tufte(Graphics Press, 2011)

注意：离群值与缺失数据

每个数据集当中都会有异常值、离群值和缺失数据，重要的是如何处理这些状况。

比如说，在图 5.2 中，有几个数据点被标记为可能的离群值。但不要仅因为将这些点划为了离群值，就不假思索地认为它们毫无用处，可以直接删掉。如果仅因为可视化结果就删除有用的数据点，那么你的预测软件将永远无法超过 Zillow 公司。相反，应该考虑问题的背景：在房地产行业，常常会出现某间房屋的售价远高于其他房屋的情况。回想第 4 章中的内容，在移除离群值之前，你需要给出充分的商业理由。在这个例子中，你能找到合适的理由吗？

除离群值外，缺失数据呢？如果“地下室面积”数据缺失，是代表这间房屋有地下室而面积未知，还是意味着没有地下室，因此应该被设为 0？

如果前面的内容看起来过于琐碎，那其实是笔者有意为之。数据工作者在从事一个项目时，需要做出数以百计的小型决策，而它们积累起来，影响将会是巨大的。如果任由数据工作者自行探索，而不为他们提供该领域内的专业意见，那么数据工作者可能会不断地削减数据，移除困难的数据点，直到数据本身无法再准确地描述现实。因此,对于领导者而言,理解数据团队的工作至关重要。

5.4 你是否能从数据中发现某些相关性?

幸运的是,我们在初步检验汇总统计时就发现了一些令人振奋的事实。这些数据似乎确实可以被用来构建一个预测房屋售价的模型,所以现在进入第二个问题:你是否能从数据中发现某些相关性?

通过数据可视化,可以得到一些线索:房屋整体质量越高,面积越大,售价就有可能越高。这正是你希望从数据当中得到的信息。这种相关性有理有据,而你所绘制的图表可以帮助你建立一个预测模型。

由于对每一对变量绘制散点图并不现实,因此在这一阶段,可以借助汇总统计来发现数据当中值得关注的规律和相关性。散点图当中呈现出的相关性可以被总结在**相关系数**(correlation coefficient)这个汇总统计当中,相关系数可以用来考查哪两个数值变量之间可能存在相关性,但不能作为最终的证明。

理解相关性

相关性度量的是两个变量之间彼此相互关联的程度,在商业统计当中常用的是**皮尔森相关系数**(Pearson Correlation Coefficient),这个系数的取值在-1与1之间,度量的是两个变量之间的线性关系,即在散点图上呈直线的关系。当相关系数为正值时,随着一个变量的值变大,另一个变量也倾向于变大——例如更大的房子往往能卖出更贵的价钱。而当相关系数

取负值时,则反过来——例如车辆越重,每升油能跑的里程数就越短。图 5.6 提供了更直观的视觉效果,这里横轴、纵轴两个变量的相关系数是 0.62,数据的分布距离趋势线越紧密,相关性就越强。[①]

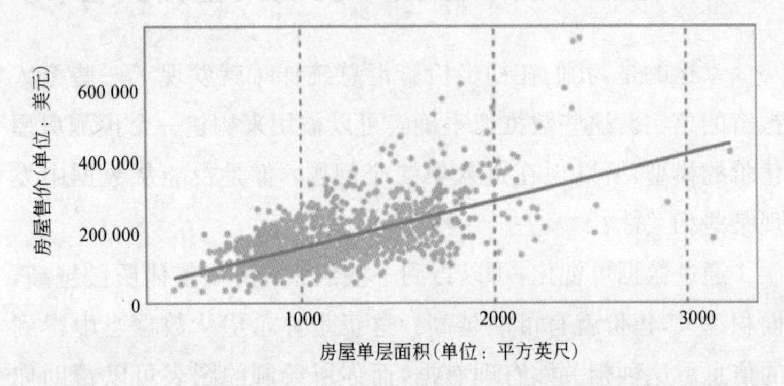

图 5.6　房屋面积与售价之间的相关系数是 0.62,相关系数度量的是数据点围绕图中所示趋势线分布的紧密程度

相关性可以在两方面对我们有所帮助。首先,与售价相关的变量将有助于预测售价;其次,相关性也可以帮助我们去除多余的变量,因为两个高度相关的变量中含有的信息是基本相似的。考虑这样的两个变量:第一个变量是面积(单位:平方英尺),第二个变量是面积(单位:平方米),这两个变量将会是完美相关的,而我们在分析时只需要用到其中一个就够了。

虽然相关性能带给我们很多基础信息,但有时它也会导致错误的认知。接下来,我们将会讨论相关性的误区。

误区:误读相关性

人们往往会忘记相关性度量的是线性关系。可是,并非所

① 相关性与直线的陡峭程度(即斜率)无关,两个完美相关的变量也可以在图上呈现一条近似水平的线。

有的关系都是线性的。

假设我们在分析两个不同地段的房屋信息，每个地段各有11间房屋。经过一些计算，我们发现房屋售价与周围的树木数量高度相关，都是0.8：房屋周围的树木越多，越有可能卖出高价。

但当我们通过可视化的方式检视这两组数据，就能发现一些预料之外的现象。图5.7左边所显示的是我们通常期待的高相关性数据：整体呈现线性，数据点围绕趋势线分布。但右边的图中，仅当树木数量小于某个点(11棵)时，房屋售价才会随之增高，在那之后，售价则呈现下降趋势——在山顶社区，或许有些房屋周围的树太多了些。

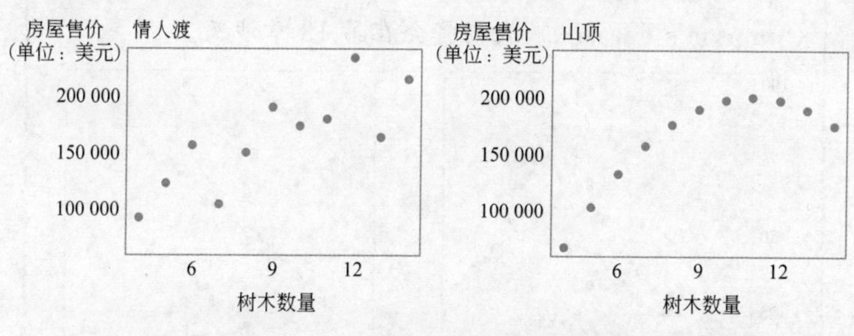

图5.7 两组相关性均为0.8的数据集

在这里我们要开诚布公：图5.7中的数据并非来自我们前面探索过的埃姆斯数据集，而是来自安库姆斯的4组知名数据集[①]，这4组数据拥有相同的汇总统计，但可视化后可以看出明显的区别。我们从4组当中选取了两组，用来呼应房地产行业的主题。

---

① Anscombe, F. J. (1973). Graphs in statistical analysis. *The American Statistician*, 27(1), 17-21.我们在这里将原本的数值乘上22 000，以便得到较为合理的售价。

我们从中学到的教益是：要善用可视化方法来检验数据中显著的相关性，因为相关系数所能揭示出的线性趋势或许无法全面描述数据集。

不相关，却有趣

图 5.8 中展示了两个散点图，它们的相关系数均为 0，不要被这个数字迷惑，认为其中没有任何值得关注的情况。或许你不会见到太多如图 5.8 左侧中的数据点恐龙(**datasauruses**)，但右侧图是一种很常见的情形：事实上，右侧图中包含了 5 组线性相关的数据，但当我们将其混在一起时，整体却看似没有线性关系。这被称为辛普森悖论(**Simpson's Paradox**)，我们将会在第 13 章涉及。

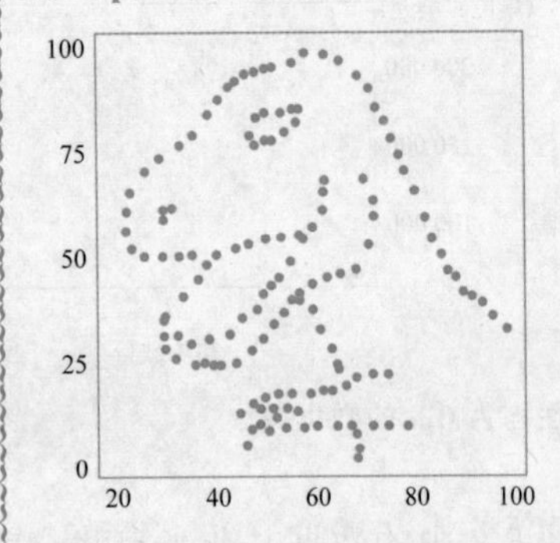

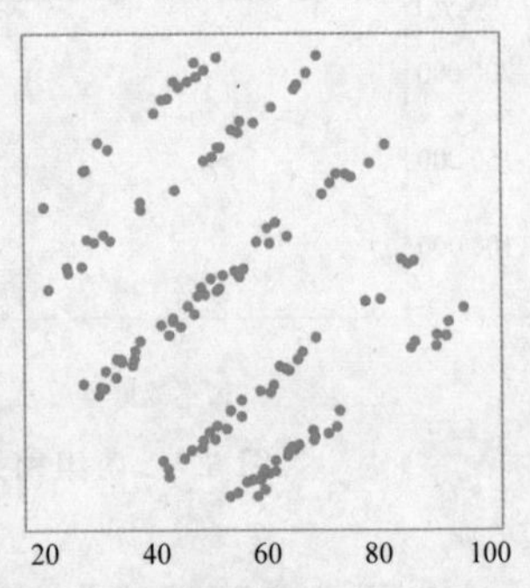

图 5.8　数据点恐龙[①]：数据可以免费下载并自由探索。正如安库姆斯的 4 组数据，图中的两组数据也拥有同样的汇总统计

① 这两组数据由阿尔伯托·开罗设计，并能从下面网址下载：github.com/lockedata/datasauRus。

误区：相关性不代表因果性

你很有可能已经听过“相关性不代表因果性”这句话，但我们在这里还是要再重复一遍，因为它常常被人忽略或误解。

即便两个变量高度相关，也并不意味着其中具有因果关系。但人们常常在这件事上犯错，每当两个数据趋势相近时，就开始在二者之间构造叙事。统计学家会用一些非常离谱的典型例子来展示这一点：冰淇淋的销售量与鲨鱼袭击事件的数量相关（因为二者都会在夏天迎来激增）；鞋子尺码与阅读能力相关（因为二者均随着年龄增长）。但如果认为遏制冰淇淋的销售就会减少鲨鱼袭击的数量，或是说买一双大码鞋就会让你的阅读能力有所提升，无疑是很滑稽的。这种可疑的相关性当中很明显有其他因素在起作用——在冰淇淋的例子中是户外的气温，而在鞋子尺码的例子中是年龄。

但当相关的两个变量确实有联系，而实际的因果关系也并不清晰时，“相关性不代表因果性”这句话就往往被抛在脑后。

举个例子，如果在房地产数据当中，你发现附近的学校质量与房屋售价相关。这是否意味着更好的学校会推高房价？好学校确实会使附近的房子看上去更有吸引力。但也可能原因正相反：或许房产税的增加将为学校提供更多公共资源。或者因果关系也可以是双向的，形成正反馈的循环。在大多数时候，我们并不知道具体的因果关系。有太多因素都可能对结果产生影响，只有在极少数情况下，你才能从数据集中得到全部答案。

更安全的做法是，在得到实验的确证之前，先假设两个相关的变量间不存在因果关系。但同样也不要走极端。本书的两位作者都曾见过，在商业界、学术界、媒体报道中，人们错误地声称存在某种因果关系。但在一些其他的例子中,人们本应得出非常重要的联系,却立刻将它斥为因果谬误。接下来我们将会提供一个例子。

吸烟与肺癌

罗纳德·费希尔,被誉为20世纪最伟大的统计学家,也是本书涉及的许多技巧的创造者,他对吸烟与肺癌之间的关系抱有怀疑态度。

费希尔主要担心的是其他因素的影响。比如说,或许有些人在基因上就更容易患肺癌,而他们也许需要吸烟来缓解自己的症状。根据费希尔的说法,早期关于吸烟危害的研究都“犯了一个老毛病……就是将因果性解读为相关性”。

但现在我们知道,二者之间的关系是毋庸置疑的。因此,尽管我们需要警惕强加因果性,同时也要小心,不要过早就抛弃那些尚未被证实的因果性假设。

5.5 你是否从数据中发现了新的机会?

探索性数据分析不仅是一个能够帮助人们更好地理解数据并解决问题的过程。有时它还会在数据中挖掘出新的机会,揭示出对你所在的机构有价值的问题。一位数据科学家能够注意到数据中的有趣或古怪之处,并据此提出新问题。

但是,你不能确定是否有人需要这个问题的解决方案,因此你又需要回到第1章,重新审视“问题是什么”。

本章小结

要成为一名数据达人，你需要在项目中投入持续的探索性数据分析过程，这将使你：

- 拥有一条更清晰的解决问题的路径；
- 通过在数据中探索到的限制条件，不断修正最初的商业问题；
- 揭示出数据可以解答的新问题；
- 如果数据不理想，及时结束项目——虽然这样的结局不尽如人意，但它使你不必在死胡同中继续投入时间和金钱。

我们通过房地产数据集（第9章中我们会再次用到它，并建立起我们之前所说的房价预估模型）展示了这个过程，并讨论了一些常见的误区。

在这一章的写作中，我们假设你可以从头到尾地参与一个探索性数据分析的过程。有时这并不现实，尤其是当你作为高层领导人，需要监督多个项目的时候。但即便无法参与早期工作，一位数据达人也不应该抛弃探索性的心态。如果你在项目接近尾声的时候加入，那么也应该询问你的数据团队，他们前期做了哪些分析，遇到了哪些挑战。或许你会在项目中发觉一些你并不赞成的假设。

第6章

检查概率

很多人对于概率的认知是如此贫乏，以至于事情在他们那里只有两种可能性：五五开和99%——要么是全凭运气，要么是几乎确定。

Many people's notion of probability is so impoverished that it admits [one] of only two values: 50-50 and 99%, tossup or essentially certain.

——约翰·艾伦·保罗斯（John Allen Paulos），数学家，《数盲：数学无知者眼中的迷惘世界》一书的作者我们曾在第 3 章“统计学思维”中提及概率和概率论，现在让我们回到这个话题，开始讨论概率——一门用来描述不确定性的语言。

第 3 章的简短讨论以这样的一条信息作结：**对直觉保持警惕，它有时会欺骗我们。**

这句话确实没错，但仅以这句话带过整个话题是远远不够的。假设一个人能够完全理解概率，那也是在读完许多本大部头的教科书、学习大量的课程，以及进行了一生的研究与辩论之后才能达到的。而且即便如此，专家们仍然对概率背后的阐释与哲学各执一词。你或许并没有时间和兴趣参与到这种程度的讨论中(事实上，作者们也没有)，所以接下来我们会绕开这些争论，将注意力集中在培养你的直觉上，从而帮助你在工作中取得成功。

因此，本章的任务就是使你能够更加深入地了解概率，理解它的规范、符号、工具与陷阱。在本章结束时，你将会了解如何在工作中思考并谈论概率，即使那些数字并非由你亲自计算得出。并且，当你遇到一些概率数值时，你将知道该如何质询这些结果。事实上，在成为数据达人的路上，重要的一步就是欣然加入关于概率与不确定性的讨论中。

6.1 猜概率：笔记本电脑是否感染病毒

我们首先考虑一个思想实验。

你所在的福布斯世界 500 强企业遭受了一次网络攻击，黑客制造的病毒感染了公司1%的笔记本电脑。高度警觉的IT团队很快便提出了一种方法,用以检测笔记本电脑是否受到了感染。这种方法的测试非常优秀,近乎完美。事实上,IT团队的研究表明,如果笔记本电脑确实被病毒感染,那么在99%的情况下,测试都能发现病毒;而当笔记本电脑没受到感染时,在99%的情况下,测试结果是没有病毒。

最后,团队在你的笔记本电脑上运行了测试——结果是受到了感染。那么问题是,你的笔记本电脑确实带有病毒的可能性是多少?

在读下去之前用点儿时间,思考一下答案。

正确的答案是50%(之后我们会在本章中证明这一点)。

感到惊讶吗?大多数人都会的。

这个结果并不符合人们的直觉。虽然你已经知道概率会欺骗你的大脑,但你还是上当了。这正是概率的恼人之处——每一个问题都在挑战你的认知。但是,即便你答错了,也不要感到灰心。更重要的一点是,想想在遇到这个问题时,你是否确实停下来思考过不确定性。

并非每个人都会。事实上,大多数人既不了解也不关心统计。就像总有很多人在不断地买彩票,或是涌向以赌场闻名世界的拉斯维加斯,或是为他们的电视机购买更长时间的保修服务。人们往往会忽视概率问题,尤其当他们的决定可能会带来回报(老虎机)或是避免将来的风险(电视机保修期)时。但本章将会向你展示概率的真相,讨论其规则和误区。

6.2 游戏规则

概率可以帮助我们量化事件发生的可能性。

当我们开始讨论数学知识之前,有必要根据我们日常谈论概率的方式，思考一下大脑是如何处理概率的。对生活中的各种事物，我们都无法确知它们未来是否会发生。但我们总会知道某些事情比另外一些更有可能发生。你也许在办公室听过下面这些话。

- “他们很有可能签这份合同！”
- “他们不太可能错过周一的期限。”
- “我们很难达成季度目标。”
- “特雷弗开会经常迟到。”
- “天气预报说今天很可能下雨，我们推迟公司团建吧。”

这些日常的概率用语在工作中十分常见，但事实上它们表达的意义非常模糊不清。事实上，对于某件事“很有可能”“不太可能”发生究竟意味着什么，不同的人可能会有截然不同的认知——这也意味着日常用语是远远不够的。我们需要利用数字、数据和符号来量化概率陈述，而不仅依靠模糊的感觉（即便我们的感觉往往很可靠）。不仅如此，我们需要遵循概率的规律和逻辑。

符号

正如我们所说，统计帮助我们量化事件发生的可能性。一个事件可以指任何事情，从最简单的如扔一枚硬币正面向上，到很复杂的，如特朗普将会赢得 2016 年总统选举。对于前者，小孩子能够明白扔硬币的结果是对半分；然而对于后者，即便有海量的数据作为依据，整个竞选民调与预测行业仍然难以预测 2016 年的选举结果。

我们这里先讨论简单的例子。

概率是由 0～1 内的一个数字来度量的，0 意味着毫无可能（比如在一个普通的骰子上扔出数字 7），1 则意味着一定会发生（比如扔一个骰子出来的数字小于 7）。概率往往用分数表示

(如硬币正面向上的概率是 1/2),有时也用百分比(如抽牌时抽到"方块"的概率是 25%)。在表达概率时,人们常常会混用数字、分数和百分数。

为了节省空间,我们使用缩写,将概率写作 P。对事件的描述也尽量精简,比如说"硬币正面向上的概率是 1/2"可以简写为 $P(C==H)=1/2$[①]。或者,更简洁一些,$P(H)=1/2$。而上一段可以被转写成表 6.1 中的内容。

表 6.1 概率的文字描述与符号表示

文字描述	符号表示
在骰子上扔出数字 7 的概率	$P(D==7)=0$[②]
在骰子上扔出数字小于 7 的概率	$P(D<7)=1$
抽牌时抽到"方块"的概率	$P(S)=0.25$[③]

使用"=="而非"="

如果你曾经上过概率论或统计学的课程,那么你有可能已经见过"=="这个符号;但是,我们在这里进行额外的说明,希望可以讲得更清楚一些。由于我们是在考虑扔硬币时得到正面向上的可能性,所以我们使用 $P(C==H)$ 而非 $P(C=H)$。用这种方法,我们区分了等式中的两种相等关系。在 $P(C==H)=1/2$ 中,"=="讨论的是扔硬币的结果 C 等于什么,而结尾的单个等号"="指的是 $P(C==H)$ 的结果是 1/2。

① 译者注:这里的 C 为硬币(Coin)英文的首字母,H 为正面(Head)英文的首字母。C==H 代表"硬币正面向上"。

② 译者注:这里的 D 为骰子(Dice)英文的首字母。

③ 译者注:这里的 S 为方块(Spade)英文的首字母。

> 这些符号的使用方式遵循当今许多编程语言当中都会出现的布尔逻辑语法。

$P(D<7)=1$ 表达的是一个累计概率——它度量的是一系列结果的概率。它所说的是“扔骰子得到一个小于 7 的数字的概率是 1”，也就是进行了以下的加法：$P(D==1)+P(D==2)+P(D==3)+P(D==4)+P(D==5)+P(D==6)=6\times1/6=1$（见表 6.2）。所有可能结果的概率之和必须为 1。

表 6.2　骰子点数累计概率

文字描述	符号表示	概　率
扔骰子得到 1	$P(D==1)$	1/6
扔骰子得到 2	$P(D==2)$	1/6
扔骰子得到 3	$P(D==3)$	1/6
扔骰子得到 4	$P(D==4)$	1/6
扔骰子得到 5	$P(D==5)$	1/6
扔骰子得到 6	$P(D==6)$	1/6
扔骰子得到小于 7	$P(D<7)$	6/6=1=100%

条件概率与独立事件

如果某个事件发生的概率会受到其他事件的影响，我们将其称为条件概率，并用一条垂直线来表示，读作“当……时”。以下是几个例子。

- 亚历克斯上班迟到的概率是 5%。$P(A)=5\%$。
- 当亚历克斯的车爆胎时，他上班迟到的概率是 100%。

$P(A|F)=100\%$。

- 当亚历克斯遇到堵车时，他上班迟到的概率是 50%。$P(A|T)=50\%$。

正如你所见，某件事发生的概率会极大地受到之前发生的其他事件的影响。

当一件事发生的概率与另一件事无关时，我们说这两个事件是彼此独立的。比如说，当硬币正面向上的时候抽一张扑克牌，拿到方块牌的概率 $P(S|H)$，与只抽一张牌且拿到方块牌的概率 $P(S)$是一样的。简写就是 $P(S|H)=P(S)$，且 $P(H|S)=P(S)$，因为这两件事彼此之间没有关联。牌堆不会影响硬币，反之亦然。

多重事件的概率

当我们为多重事件发生的概率建立模型时，使用的规则和符号取决于多重事件是如何发生的：它们是同时发生（漏水又断电），或是二者择一（漏水或断电）。

1. 同时发生

先来讨论两件事同时发生的概率。已知：

P(硬币正面向上)$=P(H)=1/2$；

P(抽到方块)$=P(S)=13/52=1/4$。

那么两件事同时发生的概率，即硬币正面向上，且抽牌抽到方块的概率可以写作 $P(H,S)$，其中逗号代表“并且”。

在这个例子中，两个事件彼此独立，一个事件并不会影响到另一个。在事件彼此独立的时候，可以将概率直接相乘：$P(H,S)=P(H)\times P(S)=1/2\times 1/4=1/8=12.5\%$。

接下来，让我们考虑一个稍微复杂些的例子。前面提到亚历克斯最近上班迟到的概率是 5%，即 $P(A)=5\%$。而乔丹迟到的概率是10%，即$P(J)=10\%$。那么两人同时上班迟到的概率$P(A,J)$是多少呢？再提供一些背景：两个人住在不同的州，亚历克斯的工作朝九晚五，而乔丹是自由职业。

我们倾向于猜测$P(A,J)=P(A)\times P(J)=5\%\times 10\%=0.5\%$，看上去十分罕见。但这两个事件真的彼此独立吗？乍一看或许如此，因为我们在不同的地方居住与工作。但其实并非如此，这两个事件并不独立。事实上，两人可能正在一起写书（事实上，这个例子沿用的正是本书两位作者的名字）。我们很有可能在前一天为如何解释概率而争论至深夜，导致第二天双双迟到。所以，亚历克斯上班迟到的概率取决于乔丹是否同样迟到。因此，我们需要使用条件概率。让我们假设当乔丹迟到时，亚历克斯迟到的概率是20%，即$P(A|J)=20\%$。于是，我们得到了两个事件同时发生的概率，这称作**乘法规则**，写作$P(A,J)=P(J)\times P(A|J)=10\%\times 20\%=2\%$。用语言来叙述的话，即亚历克斯和乔丹同时迟到的概率，等于乔丹迟到的概率与当乔丹迟到时，亚历克斯同样迟到的概率的乘积。

最终得到的结果为2%，不会大于我们当中任何一个人迟到的概率，即小于$P(A)=5\%$。这因为亚历克斯有5%的概率迟到，而这当中已经包含乔丹同样迟到的情形。这引向了概率论当中很重要的一条定律：**两件事情同时发生的概率不大于其中任何一个事件发生的概率**。

图6.1用维恩图（Venn Diagram）展示了这条定律。如果用面积来表示概率，你可以看到A和J两个圆圈交集区域的面积不可能大于其中任何一个圆的面积。

2. 二者择一

还有一种可能，是发生一个事件或另一个事件。让我们继续从简单的例子开始。

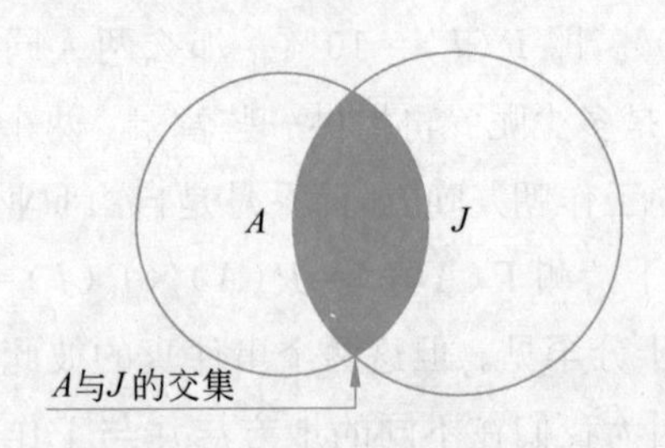

图 6.1　用维恩图展示两个事件同时发生的概率不大于其中任何一个事件发生的概率

当两个事件无法同时发生时，这个问题就变成了一个简单的加法问题。例如，扔骰子的时候不可能同时扔到 1 和 2，因此扔到 1 或 2 的概率是 $P(D==1$ 或 $D==2)=P(D==1)+P(D==2)=1/6+1/6=1/3$。

现在回到爱迟到的两位作者身上，让我们考虑一下亚历克斯或乔丹迟到的概率是多少？这个概率写作 $P(A$ 或 $J)$。

已知的信息是 $P(A)=5\%$ 和 $P(J)=10\%$，我们可能会猜 $P(A)+P(J)=15\%$，这乍一看很合理。在 100 天之内，亚历克斯迟到的有 5 天，乔丹迟到的有 10 天，加起来会得到 15 天，以百分数表示就是 15%。如果两个世界彼此互斥且从不同时发生，那么这会是正确的结果。

但之前提到，我们两个人有可能同时迟到，图 6.1 就展示了这一点，也就是说，$P(A,J)$大于 0。在这种情况下，我们不可以直接将概率相加，因为这会重复计算两个人同时迟到的天数。作为修正，我们需要减去因前一晚写作至深夜而第二天同时迟到的概率，即 $P(A,J)=2\%$。也就是说，100 天内有 2 天我们会同时迟到，因此我们两人迟到的总天数就是 $5+10-2=13$，而 $13/100=13\%$。

根据以上的信息，我们可以得出计算两件事其中之一发生的概率：$P(A\text{或}J)=P(A)+P(J)-P(A,J)=5\%+10\%-2\%=13\%$。

注意重叠部分

在计算多个事件发生的概率时，人们往往会忘记减去重叠部分。但这一点非常重要，因为所有事件发生的概率之和不能大于1。让我们用骰子进行说明，因为这个例子简明易懂。骰子点数大于2的概率是4/6(即2/3)，而投出奇数的概率是3/6(即1/2)。当计算两个事件中任意一件发生的概率时，我们不能将两个数字简单相加，因为$2/3+1/2=7/6$，这个数字大于1，因此违背了概率的规则。我们必须将二者的重叠减去，即大于2的奇数：3与5，也就是从结果当中减去2/6。

题目描述：$P(D>2\text{或}D\text{是奇数})=?$

加法规则：$P(D>2)+P(D\text{是奇数})-P(D>2,D\text{是奇数})=$

代入数字：$4/6+3/6-2/6=$

最终结果：5/6

唯一被排除在外，两个条件都不满足的是数字2。

我们已经研究了很多的符号、骰子、硬币，以及作者们的迟到问题。接下来，让我们暂时离开符号与数字，进行一个思想实验。

6.3 概率思想实验

山姆今年29岁，性格谨慎，非常聪明。他是美国加州人，曾在加州的学校修读经济学。读书时，他对数据十分着迷，在学校的统计咨询小组做志愿者，还自学了 Python 语言。

下面的哪一种情况更有可能发生？

情况 1　山姆现在住在俄亥俄州。

情况 2　山姆现在住在俄亥俄州，**并且**成为了一位数据科学家。

正确答案是情况 1，尽管题干中没有任何描述指向山姆不是一位数据科学家。这个例子改编自《思考，快与慢》[1]一书中著名的琳达问题，很多人都会在这个问题上犯错误。你的答案如何？

你是否选择了情况 2？或许是因为我们在其中提供了很多背景信息，山姆懂得编程，**有可能**成为一位数据科学家，而情况 2 之所以看上去更有可能，是因为它提到了一个与山姆的背景吻合的事件，但事实上它的可能性仍然比情况 1 要低。

这个例子当中没有符号与数字，但 6.2 节当中的信息仍然适用：**两件事情同时发生的概率不大于其中任何一个事件发生的概率**。当在任何描述中加入更多的"并且"时，概率都会下降。想要山姆成为一位数据科学家**并且**住在俄亥俄州，他必须首先住在俄亥俄州。而他有可能住在那里，却成为了一位精算师。

两件事情同时发生的概率是用乘法规则计算的，山姆住在俄亥俄州**并且**成为数据科学家的概率可以写作 $P(O,D)=P(O)\times P(D|O)$。而由于概率不能大于 1，因此不论 $P(D|O)$ 究竟是多少，$P(O)\times P(D|O)$ 都不会大于 $P(O)$，即不论情况 2 看上去多么有可能是正确的，它都不会是正确答案。

如果你仍然感到困惑，或许是因为你将情况 2 解读成了条件概率：已知山姆住在俄亥俄州**时**，他是一位数据科学家的概

---

[1] 丹尼尔·卡尼曼，《思考，快与慢》。

率 $P(D|O)$是多少？这个概率**很有可能**大于山姆住在俄亥俄州的概率 $P(O)$，但“**并且**”和“**当……时**”二者是有差别的。

再举一个更简单的例子来理解二者的差别吧：纽约洋基队(Yankees)在世界各地都有忠实的粉丝。假设现在有一场球赛正在进行当中，现场观众和电视机前的数百万观众都在观看。现在从全世界随机选取一个人，那么你选中的是洋基队球迷的概率很小，在全世界范围内选中一个在现场看球的洋基队球迷的概率就更小了。但如果**已知**你选中的人正在现场看球时，事情就完全不一样了，他很有可能是一个球迷。[①]

因此，被选中的人是洋基队球迷**并且**在现场看球的概率，与**当**被选中的人在现场看球**时**，他是洋基队球迷的概率是大不相同的。

后续内容

在上述思想实验之后，有必要重申本章开头给出的提醒：**对直觉保持警惕，它有时会欺骗我们**。概率会不断地使人感到困惑，而我们所能做的就是指出一些常见的陷阱。

因此，既然你已经对概率的法则和符号有所了解，本章接下来的部分将会帮助你对工作中遇到的概率数字保持警惕，并能够让你批判性地看待它们。为了能够正确处理概率，以下几条守则很有帮助：

- 谨慎做出独立性假设；
- 一切概率都是条件概率；
- 保证概率数字有意义。

① 概率不会是100%，因为对手球队的球迷也会到场。

6.4 谨慎做出独立性假设

如果两个事件彼此独立，那么你就可以将它们的概率简单相乘：扔硬币时连续两次扔到正面向上的概率是 $P(H)\times P(H)=1/2\times1/2=1/4$。但并非所有事件都彼此独立，因此当你在计算或审阅概率数字时，必须对独立性假设保持警惕。

本书曾提到过 2008 年的次贷危机，一个人信贷违约的概率与其周围邻居的违约事件并非互相独立，尽管在很多年间，华尔街都采取了二者彼此独立的假设。由此可见，错误地做出独立性假设会对全世界的经济与稳定造成极大的影响。

反之，在事件彼此关联时做出独立性假设，这样的错误也反复发生着。你的公司或许会在制定战略时犯下这种错误，多个事件同时发生的概率经常被大大低估。

比如说，想象董事会正在聆听一个 C 级战略报告，而他们将公司下一年的发展押在三个项目上——它们都有着高回报、激动人心，且风险较高的特点。我们将这三个项目分别称作 A、B 与 C。管理层知道这些项目有可能失败，并估计了每个项目失败的概率：P(A 失败)$=50\%$，P(B 失败)$=25\%$，P(C 失败)$=10\%$。有人掏出一个计算器，将概率相乘：$50\%\times25\%\times10\%=1.25\%$。管理层对此表示兴高采烈——三个项目都失败的概率只有 1.25%。而这是三个高回报的项目，只要其中任何一个成功，都能证明向其中的投资是值得的。而由于所有结果的概率之和为 1，那么至少一个项目成功的概率就是 $1-0.0125=0.9875=98.75\%$。他们不由感到惊叹，有将近 99%的概率能够成功！

然而，他们的计算是错的。这些事件均取决于公司的整体表现，并受到许多共同因素的影响，如公司丑闻、糟糕的季度财报，或全球经济的表现。事件A、B与C并非互相独立，而由于公司错误地做出了独立性假设，他们低估了下一年三个项目同时失败的概率，也就是高估了至少有一个成功的概率。如果你认为这个假设无关紧要的话，不妨想想2008年的金融危机。

小心赌徒谬误

反过来，也有一些事件是独立的，人们却往往不这么认为。这带来了另一种风险，它使得人们高估事件发生的概率，而赌场正是借此盈利的。

在扔硬币时，即便连续10次正面向上，下一次正面向上的概率依然是$P(H)=50\%$。当事件彼此独立时，之前的结果并不会使概率升高或降低。但赌徒往往错误地相信概率是会变的——这也被称作赌徒谬误。[①] 每次掷骰子、拉动老虎机拉杆、转动轮盘的结果也与过去的结果无关，但赌徒们往往试图在这些事件当中寻找规律。他们要么是相信当一台老虎机很久没中时，就“该要”摇中了，要么是觉得某些骰子会更“趁手”——赢的骰子就总会赢。

然而事实上，每一次获胜的概率总是与之前相同。由于这是在赌场当中，概率不可能站在你这边。但业余赌徒们总是喜欢在一连串小概率事件上下赌注，认为他们今天会走运。但他们的想法实在是大错特错。

① 这种相信随着时间推移，某个独立事件必然会发生的想法有时被称为“平均法则”，但其本质不过是给异想天开起了个听起来科学的名字而已。

6.5 一切概率都是条件概率

一切概率在某种意义上都是条件概率，想要使得一枚硬币正面向上的概率 $P(H)=50\%$，这枚硬币必须是质地均匀(不偏不倚)的，掷骰子同理。一个数据项目获得成功的概率，也取决于整个团队是否能够通力合作，数据是否无误，问题的难易程度，是否会出现电脑故障，公司是否会倒闭，等等。

现在想一想商业界或是我们每个人如何衡量他人的成功与能力——往往取决于他们过去的表现。公司选择雇佣那些有优良背景的顾问，或是选择成功案例更多的律师事务所；患者需要手术时也会选择手术成功率更高的医生。一位顾问在过往90%的案例中让雇主挣到了钱，一位律师打赢了80%的官司，一位医生的手术失败率只有2%……但这些概率是可以被操纵的，这些顾问、律师或医生可以选择性地接工作，他们已经预判了自己能否成功，而如果看上去成功的希望很渺茫，他们可以拒绝做这一单工作。于是，整体的成功率就取决于他们选择接手哪些工作，如果只接更有可能成功的工作，而避免有可能失败的工作，就可以得到一个很漂亮的数字。由此可见，你必须仔细思考你见到的每一个概率数字背后的影响因素。

避免条件概率倒置

另一个时常发生的错误是对两个事件 A 与 B 做出错误的假设：$P(A|B)=P(B|A)$。注意条件关系是如何倒置的：前者表示当 B 发生时 A 发生的概率，而后者正相反，是 B 取决于 A。

下面这个例子当中，二者就不相等。假设事件 A 是“住在纽约州”，而事件 B 是“住在纽约市”。因此 $P(A|B)$，即已知你

住在纽约市时，你同时住在纽约州的概率，这与 $P(B|A)$ 是截然不同的。前者是一定的，因此 $P(A|B)=1$；后者则不然，因为大约有 60%的纽约州居民住在纽约市之外。

在这个简单的例子当中，二者倒置的错误很明显，但 $P(A|B)=P(B|A)$ 是一个常见的错误，事实上，你或许在本章开始的思想实验中就犯了这个错误。

让我们回到本章开头的问题上。

你所在的公司被黑客攻击了，1%的笔记本电脑带有病毒。当测试结果是有病毒时，记为“事件+”，没有病毒则记为“事件−”，事件 V 表示笔记本电脑确实感染了病毒。已知的信息如下：$P(+|V)=99\%$，$P(-|\text{非}V)=99\%$，$P(V)=1\%$。换句话说，如果笔记本电脑确实被病毒感染，那么在 99%的情况下，测试都能发现病毒。而当笔记本电脑没有被感染时，在 99%的情况下，测试结果是没有病毒。最后某台笔记本电脑被感染的概率是 1%。

我们想知道在测试结果显示有病毒的情况下，笔记本电脑确实感染了病毒的概率，即 $P(V|+)$。很多人会在这里犯错误，虽然我们想要知道的是 $P(V|+)$，但当很多人接触这个思想实验时，所猜的数字都很接近 $P(+|V)$，即 99%。

$P(V|+)$ 与 $P(+|V)$ 不同，但二者可以通过一个著名的统计学定律彼此联系起来——贝叶斯定律。

贝叶斯定律

贝叶斯定律可以追溯至 18 世纪，它能够十分巧妙地处理条件概率，因此可以被应用在许多地方，从战争到金融再到 DNA 解码。[①] 贝叶斯定律指出，对于两个事件 A 与 B，有：

① 想更多地了解贝叶斯定律的历史，可以参考这本精彩的书籍：《长青的定律：贝叶斯定律的历史》。

$$P(A|B)\times P(B)=P(B|A)\times P(A)$$

让我们对此稍加解释。比起将这个公式背下来（或说任何公式），理解它的内容和价值才更加重要。

贝叶斯定律让我们可以将两个事件之间的条件概率联系起来，已知事件 B 已发生，事件 A 发生的概率 $P(A|B)$ 与已知事件 A 已发生，事件 B 发生的概率 $P(B|A)$ 通过这个公式彼此相关联，尽管它们并不相等。

为什么人们在意这一点？这是因为在实际当中，人们往往只知道其中一个概率，而想要计算另一个。比如说：

- 医学工作者希望知道当某个患者患有癌症时，筛查能给出阳性结果的概率 $P(+|C)$，这样他们就可以研究出更精确的测试，并对癌症患者及时给予治疗。制定政策的人则希望知道反过来的概率——当某位患者筛查阳性时确实患有癌症的概率 $P(C|+)$，这是因为他们不希望让人们在假阳性（即筛查阳性，但实际并未患癌症）的情况下接受大量不必要的癌症治疗。
- 检察官希望知道在现有的证据下，嫌疑人确实有罪的概率 $P(G|E)$，而这取决于在嫌疑人确实有罪的情况下，找到证据的概率 $P(E|G)$。
- 你的电子邮件服务商希望知道当某封邮件中有“免费发钱”的字眼时，它被判断为垃圾邮件的概率 P（垃圾邮件|钱）。而根据历史数据，邮件服务商可以计算出当一封邮件被判断为垃圾邮件时，其中含有“免费发钱”字眼的概率 P（钱|垃圾邮件）。我们将会在第 11 章深入讨论这个例子。

回到我们的思想实验上，你想知道检测有病毒的情况下，笔记本电脑确实中毒的概率 $P(V|+)$，而你知道反过来的概率，

即笔记本电脑在中毒情况下被检测出病毒的概率 $P(+|V)$。

这些例子全都可以用贝叶斯定律来解决,因为它提供了一个翻转条件概率的方法。但实际的操作当中,某些概率可能较难得到。比如说,调查一个人癌症筛查阳性时确实患有癌症的概率,就比调查一个人在普通体检出问题时患有癌症的概率要容易。

想知道我们是否已经获取了使用贝叶斯定律所需的信息,可以通过树形图的方式,如图 6.2 所示。我们将用思想实验作为例子,来解释为何正确答案是 50%。假设公司共有 10 000 台笔记本电脑,我们知道在所有中毒的笔记本电脑当中,99%都能测出病毒,1%测不出,即 $P(-|V)=1\%$。与之相对地,在没有中毒的笔记本电脑当中,99%都能通过检测,1%则无法通过,即 $P(+|\text{非}V)=1\%$。

图 6.2 当中,以 10 000 台笔记本电脑作为起点。根据我们提供的信息,你可以看到笔记本电脑最终分为 4 组:中毒且检出病毒、中毒且未检出病毒、未中毒且检出病毒、未中毒且未检出病毒。检查树形图时,我们还能发现只有两个是我们感兴趣的。第一个是中毒且检出病毒——共 99 台;第二个则是未中毒且检出病毒——同样是 99 台,这些是**假阳性**的例子。

现在的状况是这样的:我们已知检出了病毒,这意味着你的笔记本电脑可能在这两组当中的任意一组,你并不知道具体是哪一台,但由于两组大小一致,概率均为 50%。

让我们将数字代入贝叶斯定律,看一看结果是否一致。在这里,事件 A 与 B 被替换为 V 与+:$P(V|+)\times P(+)=P(+|V)\times P(V)$。接下来,我们将已知的概率代入:

$$P(+)=P(\text{检出病毒})=198/10000=1.98\%$$

$$P(+|V)=99/100=99\%$$

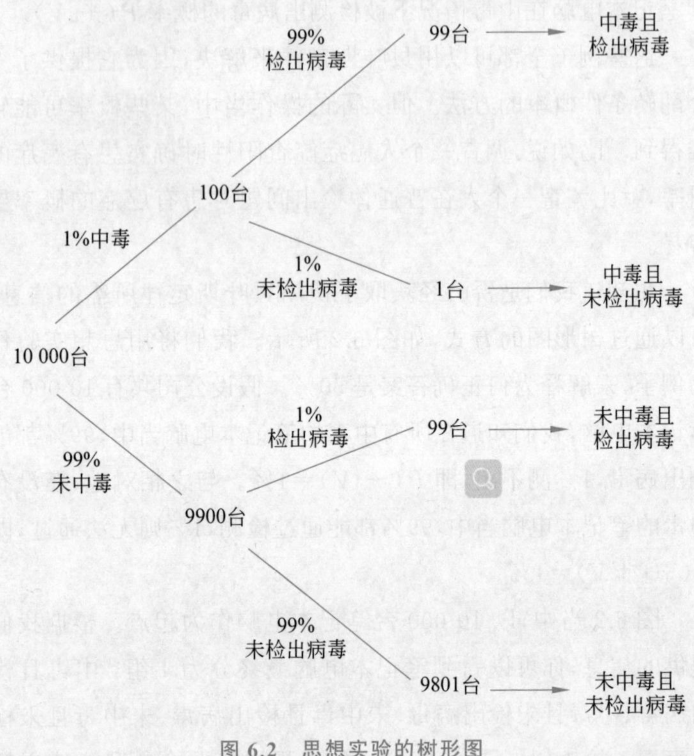

图 6.2　思想实验的树形图

$$P(V)=100/10000=1\%$$

代入之后我们得到：

$$P(V|+)=P(+|V)\times P(V)/P(+)=99\%\times 1\%/1.98\%=50\%$$

6.6　保证概率数字有意义

6.5 节用到了大量的符号和数字。现在让我们稍稍退一步，讨论一下如何运用概率。

校准

当我们定义一个事件的概率时，它必须具有确实的意义。比如说，假设成本与利润相同，那么60%成功率的项目就比75%成功率的项目风险更高。我们知道这看上去很明显，但人们往往会将60%或75%这样的概率一概视作**很有可能**，因为它们都高于50%。但如果是这样的话，概率就失去了意义——如果事情发生的可能性被简化为二元变量，就会成为“要么发生，要么不发生”，统计学思维和对不确定性的思考也完全失去了意义。

此外，如果一件事发生的概率是75%，那么在大约75%的情况下，它就会发生。这同样看上去很明显，也正是概率数字的意义。这个概念称作**校准**(Calibration)。校准指的是随着样本的积累，事件是否按照概率所描述的比例发生。[①]

糟糕的校准会使得人们无法准确评估风险。如果你是一个过分自信的律师，认为自己打赢案子的概率是90%，但过去的案子当中只有60%成功，那么你的校准就有问题，高估了你成功的概率。

因此，正如我们所说，概率数字必须有意义。小概率事件并非完全不可能发生，大概率事件也并不一定会发生。

小概率事件会发生

我们或许不会经历小概率事件，但这不意味着小概率事件完全不会发生——尽管我们并不是很容易理解那些不常发生的

① 见网站：fivethirtyeight.com/features/when-we-say-70-percent-it-really-means-70-percent。

事件。

这是事实：你不大可能中彩票，但在现实中总会有人中彩票。如果你考虑一下全世界每天有多少张彩票被卖出，那么某个地方的某人中奖就不是那么难以置信了，即便你不是那个幸运儿。

我们往往会忘记这个星球上究竟住着多少人，在数十亿的地球人身上，“百万分之一”概率的事件也是会发生的。而这样的事件往往会影响到比我们所想更多的人，因为在 70 亿人口当中，百万分之一就意味着 7000 个人。

而反过来，有时候人们说一件事概率极小（有时甚至是故意误导），只不过是为了增添一些戏剧性。橄榄球比赛的评论员往往会强调屏幕上发生的事件概率有多么小。“有史以来第一次，一位 28 岁的新人在连续两次轮空，上个赛季只参加了一局比赛的情况下，跑了 30 英尺（约为 9.144 米）。”如果包含的信息如此详细，发生的概率就可能会很低。

不要进行无意义的概率相乘

不要将过往事件的概率进行无意义的相乘，这样你可能会让任何事情看上去都非常难以发生。

让我们来快速估算一下你正在读本书这一页上这行字的概率。你正在读大约 25 行文字当中的一行（1/25），本页是大约 300 页中的一页（1/300），而这本书是大约百万本书当中的一本。将它们都乘起来时，得到的数字非常之小。如此说来，我们是命中注定相遇的！

本章小结

本章不仅是关于概率的简短介绍,同时也是关于保持谦逊的一章。概率论是一门复杂的学科,而在学习新知识时很重要的一点就是了解事情有可能会出差错。本章的内容能够提醒你在做与概率有关的决策前,先搜寻更多的信息。尤其是那种看上去符合直觉的决策,我们希望你能对它们保持警惕。

本章还展示了人们有多么容易误解概率。这种误解有时来自我们组织问题的方法,或来自信息背后暗含的假设。为了避免这类错误,我们提供了以下几条守则:

- 谨慎做出独立性假设;
- 一切概率都是条件概率;
- 保证概率数字有意义。

第 7 章

质疑统计

肯特·布罗克曼：辛普森先生，你如何回应涂鸦等轻罪的犯罪率降低了 80%，但恶性的斗殴事件发生率却惊人地增加了 900%？

霍默·辛普森：哦，人们总是能编出些统计数字来证明任何事，40%的人都知道这一点。

Kent Brockman: Mr. Simpson, how do you respond to the charge that petty vandalism such as graffiti is down 80% while heavy sack beatings are up a shocking 900%?

Homer Simpson: Oh, people can come up with statistics to prove anything, Kent. Forty percent of all people know that.

——美国知名动画片《辛普森一家》(*The Simpsons*)

你是否曾在新闻中或工作中听到过一些统计学断言，而且希望进一步理解或质疑这些说法？这正是本章的主要内容。我们将会讨论统计推断的定义、如何使用推断统计的结果，以及如何质疑其他人的结果。我们将会提出一些问题，这些问题有助于你更全面地理解统计结果背后的推断过程。

7.1 统计推断的简短讨论

在第3章"统计学思维"中我们提到，统计推断让我们可以通过取样调查的方法对周围的世界做出有理有据的推测。

本节将会通过一系列例子来直观地展示统计推断，并在过程中逐渐加入更多专业的统计学术语，其中一部分在本书之前的章节中已经有所涉及。不论你之前在统计学方面的背景如何，你都能够跟随我们在这里呈现的逻辑来了解统计推断。

留有余地

抽样调查是一种很常见且十分重要的统计推断，你不可能询问每个人的意见，而只能从人群当中选取一个**样本**，并对选出的样本进行调查。通过样本，我们可以更了解周围的世界。简而言之，**样本能够帮助我们了解总体**。

现在我们研究一组抽样数据。我们从各个大学的统计学基础课上抽取了共1000名学生，并问他们一个问题：**课上总是用**

抽样调查来解释基础的统计概念,你会对此感到厌烦吗?

抽样结果如下:655 名学生的回答是肯定的。(你会如何回应呢?)

你是否有信心说,根据一个由 1000 名学生组成的样本,在所有学习统计学基础课的学生中,对用抽样调查方法感到厌倦的比例就是 65.5%?还是说,你希望在做这个推断时给自己留一些余地?

你或许会想要留一些余地,而这是件好事。因为一周之后,另外 1000 个学生被问到了同样的问题,其中有 670 名学生的回答是肯定的。当然,655 和 670 非常接近,或许你会认为,这些抽样调查的结果已经十分接近全部学生中对抽样调查方法感到厌烦的真实比例。事实是,当你多次进行抽样时,总会得到不同的结果,这种现象称为样本差异。你无法控制样本的差异,唯一能做的就是为你的抽样结果提供背景信息。民调机构都知道这一点,并在他们统计得出的结果上附加一个"误差范围",如±3%等,用以表示结果的不确定性。

在我们的第一次抽样当中,65.5%的结果是一个**点估计**,而我们可以将结果写作 65.5%±3%,或(62.5%,68.5%)。区间(62.5%,68.5%)称为**置信区间**,它也是统计推断的一种,利用已有的少部分信息推测周围的世界,而我们希望这个置信区间能够包含实际的比例。

从上文中我们可以总结出:抽样会带来差异,导致估测结果的不确定性,但置信区间提供了一个范围,正确结果可能会落在其中,这就给你留下了余地。

数据越多,证据越强

如果你正在网购,发现有一件商品的评价是一星,但只有一个评分，那么你可以选择忽略这条评价，因为那不过是一个人的一件而已。但如果你看到某件低星商品下有 300 条评价，那么你的看法就会发生改变。人们似乎达成了共识——这件商品差极了。所以，你选择了另一件有 200 条评论且评分很高的商品。

网购的例子表明，我们都明白一个道理——某个统计结果背后的数据量决定了它是否值得取信。我们往往用字母 N 代表样本的数量，即**样本量**。你并不信任 $N=1$ 的评价，但 $N=300$ 或 $N=200$ 的评价却很有说服力。可以想见，样本量在统计推断当中有着极其重要的影响。人们很难想象一件 $N=200$ 的高分商品会毫无可取之处，但 $N=1$ 的商品得到低分，也许那个评论是某个互联网"键盘侠"留下的。

从这个例子学到的一课：样本量很重要，数据越多，证据越强。这与我们的直观感受是一致的。

挑战现状

科学的本质是打破现状、创造新知的过程。当有足够的证据说明旧的思维方式误入歧途时，我们会做出改变。对于统计推断而言也是一样。

一个简单的类比是法院审理案件时，被告人"疑罪从无"，即维持现状，只有当证据的说服力足够强，能够证明现在的假设错误时，被告人才会被判处"有罪"。而检察官的职责就是提供足够的证据，证明最初的无罪假设很有可能是错的。

研究者、科学家、商业人士都使用这样的逻辑创造新的知识，进而推动着公司乃至社会的进步。他们首先提出一个问题[①]，例如表 7.1 当中列举的那些，然后使用**假设检验**统计推断

① 在第 1 章中我们提到，数据科学项目必须从提出一个定义清晰的问题开始。

方法。

人们认知的现状称为零假设(一般写作 H_0)。我们往往想要证明零假设是错的(证伪),并希望可以证明与之相反的备择假设(一般写作 H_a)。而零假设和备择假设的选择取决于问题是什么。

表 7.1 将一些常见的问题转换成了合适的假设检验,研究者希望找到足够的证据来抛弃零假设,支持备择假设。

注意表 7.1 当中假设检验的设置方式——不论你想要证明什么猜想,你都要从它非真的假设出发(也就是当下的现状)。如果有足够的证据表明零假设看上去不太可能是真的,那么你才会抛弃零假设(H_0),转而选择备择假设(H_a)。

从上文可以总结出:假设检验是科学探索中的标志性方法,如果我们希望挑战现状,那么就将其设置为一个零假设。如果有足够的证据(数据)表明零假设不太可能成立,那么就抛弃它,选择能带给我们新知识的备择假设。

表 7.1　问题、零假设和备择假设

问　题	零假设(H_0)	备择假设(H_a)
上个季度公司的客户满意度发生变化了吗?	上个季度公司的客户满意度并未发生变化	上个季度公司的客户满意度发生了变化
银行在超级碗上投送的广告对年度盈利有帮助吗?	银行在超级碗上投送的广告对年度盈利没有帮助	银行在超级碗上投送的广告对年度盈利有帮助
实验中的疫苗比安慰剂更有效吗?	实验中的疫苗不比安慰剂更有效	实验中的疫苗比安慰剂更有效
失业率较上个月有变化吗?	失业率较上个月没有变化	失业率较上个月有变化

相反证据

假设你要和同事们打一场篮球赛，而一名实习生表示想要加入你们的队伍。他说他的投篮命中率在 50%以上。不错呀，你想，正好你们这边需要一个好投手。①

在比赛开始之前，你记下了一个零假设：这个实习生的命中率是 50%。

比赛开始了，你传给他一个球，他的角度正适合投篮。没中。没什么大不了的，你想。但他又失手了，接着又是一个。接着……又没中。连续四次没中。哇，糟透了。

你对他的信心开始动摇，这个人究竟是个好投手，还是在拿我开涮？但，即便是职业球员也会有状态不好的时候，他们也有可能连续四投不中。所以，你继续给他更多的机会。但他没投中的球越来越多。到了比赛结束之前，他已经连续投偏了 10 个投篮，而你的队伍也输掉了比赛。你感到非常失望，并且想到，他是在骗人。

你回到办公桌前，决定用数字计算一下你刚才见到的糟糕表现。

如果一个人的投篮命中率有 50%，那么他连续投 10 个球不中的概率是多少？

用基本的概率计算，你得到了一些数字。丢一球的概率是 50%，那么连续丢两球的概率就是 50%×50%＝25%（我们假设每次投球的结果都是彼此独立的，使用第 6 章的乘法规则）。

---

① 我们意识到 50%的命中率其实非常优秀，著名 NBA 球星詹姆斯职业生涯的命中率就是 50%。所以你的实习生大概达不到 50%的命中率，但我们为了方便计算选择这样设置。因此，如果你想到“稍等，这个数字是否太高了”，那么恭喜你，你已经拥有数据达人的直觉了。

以此类推，你将10个50%相乘，得到的是$0.5^{10}=0.00098$，约等于0.1%，即千分之一。

因此，**假设**他的命中率确实有50%，那么连续丢10球的事件发生的概率是千分之一。这个数值称作**p值**（p代表概率）。现在你需要决定，究竟是这个实习生今天状态不好，还是你的零假设（即他的命中率是50%）是错的？

连续丢10球让零假设看上去非常不可信。最终结果得出千分之一的概率是很有力的证据，足以说明原先的假设不太可能成立。事实上，你或许应该抛弃比赛之前的零假设，转而接受备择假设H_a：实习生的命中率小于50%。

现在思考一下：你是从何时起开始怀疑这个实习生，而非继续为他找借口的？你是从第几投开始，决定抛弃零假设的？

假设你的界限在第5投，也就是说如果实习生只是丢了4个球，概率是$0.5^4=6.25\%$，或1/16，那么你仍然愿意给他一些信任。但当他丢了第5个球的时候，证据就足够让你认为他并不是一个好投手。那么这个界限，即5投不中的概率，就称为**显著性水平**。数据超过了显著性水平，就意味着不支持最初的断言。

由于世界上充满了不确定性，你必须接受一些连续投不中的球。有的时候人们就是毫无原因地发挥失常。因此，显著性水平是一个取决于个人判断的界限，由你个人主观决定，它是你在不打算抛弃零假设的前提下，能够允许的不确定性的限度。如果p值小于显著性，我们就可以抛弃零假设，并且称结果是**统计学显著**的。

从上文可以总结出：统计推断的重要步骤就是检查p值是否小于显著性水平。当然，由于存在不确定性，对显著性水平的选择将会影响可能的决策错误。

平衡决策误差

随机波动导致结论错误，这种错误称作决策错误。有两种决策错误，分别是弃真错误和纳伪错误。

弃真错误可以理解为，证据似乎支持我们选择备择假设，但实际却不然(比如一位男性被检验出怀孕)。而反过来，纳伪错误指的是我们本该抛弃零假设，却没有这么做(比如一位孕妇却检验不出怀孕)。表 7.2 中给出了更多的例子。

表 7.2 弃真错误与纳伪错误

问题	零假设	弃真错误	纳伪错误
嫌疑人有罪吗?	嫌疑人是无辜的	让一个无辜的人进监狱	让一个有罪的人逃脱惩罚
患者患有疾病吗?	患者患有疾病	患者被检测出患病，但其实并未患病	患者患有疾病，检测却未能发现
公司上季度的客户满意率有变化吗?	上季度的客户满意率并未提升	客户满意率在调查中有所提升，但仅仅是运气在起作用	客户满意率确有提升，但调查没有反映这一点

而你，作为决策的制订者，将会通过你所选择的显著性水平来影响决策错误发生的概率。统计显著性水平与一个称为统计功效的概念有关，统计功效指的是当备择假设为真的时候，我们确实能够抛弃零假设的概率。因此，统计功效越高，纳伪错误发生的概率就越低。

弃真错误和纳伪错误当中存在着权衡取舍，除非收集更多的数据，否则随着其中一个降低的同时，另一个就会升高。例如，你或许希望你的垃圾邮件过滤功能的弃真错误率较低。因为零假设是“邮件并非垃圾邮件”，而弃真错误意味着你妈妈发来的邮件有可能会被归为垃圾邮件。降低弃真错误率的代价就是更多的垃圾邮件会绕过过滤功能，也就是出现了更多的纳伪错误，但这是可以忍受的，因为这让你可以收到绝大多数有用的邮件。相反的，在体检的时候，医生会希望降低纳伪错误率（即未被检出的疾病），并接受更多的弃真错误。如果某人患病了，我们希望尽可能地检测出来。

从上文可以总结出：随机性会使决策过程变得复杂。有时你会错误地认为备择假设为真（弃真错误），有时会错误地认为零假设为真（纳伪错误）。

7.2 统计推断的过程

到现在为止，我们已经通过 5 个小例子，围绕统计推断进行了很多讨论。你或许想知道这些部分是如何统一起来的。接下来总结统计推断的过程，作为一名数据达人，你应该对此有所了解，并能够与其他人自如地讨论。

简而言之，统计推断遵循下述步骤。

（1）提出一个有意义的问题。

（2）提出一个假设检验，将现状设为零假设，将你期望的结果设为备择假设。

（3）确定显著性水平（很多情况下人们会选择 5%，尽管这也是一个主观的选择）。

（4）根据统计规则，计算 p 值。

（5）计算相关的置信区间。

（6）如果 p 值小于显著性水平，就抛弃零假设，选择备择假设；反之，就不要抛弃零假设。

如果你能理解这 6 步，那么恭喜，你已经学会了统计学语言。我们粗略介绍了统计检验的概念，它指的是计算 p 值的机制。在实习生打篮球的例子里，我们使用的是基础的概率计算(50%的10次方)。但除此之外，还有数以百计的各式统计检验，用于描述、比较、评估风险，或是在数据中发现关联。多数的统计学教材都围绕这些工具展开，但它们并非我们的重点，因为无论 p 值是如何计算的，我们希望呈现的是统计推断背后的逻辑。

言归正传，我们意识到许多数据达人会是统计结果的接收者而非制造者，因此，7.3 节将会列出一些问题，用于质疑你所见到的统计结果。本章之前的部分已经为这些问题做好了铺垫。

7.3 用于质疑统计结果的问题

我们整理了下面的一系列问题，你可以用这些问题向你的团队成员发问，质疑得到的统计结果：

- 统计结果的背景是什么？
- 样本量是多少？
- 这是在测试什么？
- 零假设是什么？
- 显著性水平是多少？
- 你做了多少次测试？
- 置信区间是多少？
- 结果是否具有实际意义？
- 你做了因果性假设吗？

接下来，让我们依次讨论这些问题，揭示其重要性。

统计结果的背景是什么？

统计结果的背景与最终呈现出的数字同等重要。如果你听到有人说“销量上升了10%!”那么你应该下意识地想,“这一结果是相对于什么呢?”

考虑下面的例子:一位市场分析员向领导汇报,销量相对于上个季度增长了10%,却没有提到他们最大竞争对手的销量上升了15%,而领导显然是需要这些额外信息的。将信息提炼总结的过程可能会伴随着信息的丢失,而数据达人应该要求提供统计结果的背景和比较的基准线。

让我们再看另一个例子:一则新投放的互联网广告会让相应商品的点击数增加50%。如果不提供背景的话,这一数字看上去相当可观。但如果将这个数字放入背景当中,我们发现点击率(即点击数除以看到广告的总人数)从0.1%增加到了0.15%(即1万人中10个增加到1万人中15个),只不过增加了0.05%而已。**而这才是正确的报告方式**。50%的结果其实是相对增加率,即(0.0015－0.001)/0.001×100＝50%,这种“讨巧”的汇报方式会制造错误的印象。

你在工作当中或许已经见到过这样的例子——你也许会看到一些表面上精确且可观的统计数字,却不知道它究竟意味着什么。这时候你不该有所怀疑,而应该问出来:“这些统计结果的背景是什么?”

样本量是多少?

到现在,我们已经知道样本量非常重要。当N非常小的时候,波动是很大的。问题不大——试图加入更多的数据就可以了。更多的数据意味着减小误差,在这个“大数据”的时代,你可能会想将N设为一个庞大的数字,来囊括所有的可能性。

当N非常大的时候,人们往往倾向于认为N等于全部,即我们得到了所有的数据。但将N直接和全部画等号,会误导你对数据质量和偏差的思考(参考第4章"质询数据"的内容)。你的样本真的是从你所关注的人群当中抽取的吗?

正如《数据科学：一线畅谈》(*Doing Data Science: Straight Talk from the Frontlines*)一书当中提到的,将N误认为全体,这是大数据时代最大的问题之一。这意味着我们排除了那些没有时间、精力或渠道表达意见的人,特别是在这类调查是非正式,且往往未被公开宣布的情境下。

排除部分声音并不只在调查当中出现。在美国,那些最有需要的人往往没有渠道得到打折的食物或衣服,也无法表达对于公共政策的意见,或单纯在某些民意调查中未被计入。人们很容易认为当数据集足够大时,就能够正确无误地反映背后的整体,但样本数量并不意味着一切。更糟糕的是,大数据使得我们非常容易得到一些可疑的关联。如果我们将数据用各种方法分割并组合,那么我们总能发现一些有趣的结论。

在少部分N确实等于全体(即普查)的例子当中,统计推断就不是必需的,因为假设数据收集准确无误,那么描述性统计就不再含有任何不确定性。

这是在测试什么?

我们希望在工作及新闻中了解到的每一个统计推断结论都包含了一个确定的、可以由数据来验证的问题。不要让数据工作者仅分享数据而不指出背后的问题,确保团队知道我们为什么需要这些统计结果。因此,要记得询问"这是测试什么?",并且要求得到一个清晰,且与统计术语无关的答案。[①]

① 参考本书第1章。

零假设是什么?

你的实习生这个季度与客服部门合作紧密,主要负责提出一些主意帮忙提升顾客满意度。你想知道实习生提出的建议是否确实提升顾客满意度,通过一个简单的调查来验证。这个调查只有一个问题:“你会向朋友推荐我们吗?”

实习生开始进行统计检验,并设置好了零假设:“本季度的推荐率不差于上个季度。”即 H_0:本季度推荐率≥上季度推荐率。

如果零假设被抛弃,那么我们就会选择**备择假设**。在这个例子中,备择假设是“本季度的推荐率差于上季度”。用统计学的符号来表示,备择假设 H_a 是:本季度推荐率<上季度推荐率。

思考一下这背后暗含的假设是什么。你还没有得到确切的数据或统计结果,但你仍然可以质疑你的实习生做事的逻辑。当他设置零假设时,已经将“成功”当作了默认设定。如果两个季度的调查结果比较相近,或提供反馈的顾客数不多(即样本数量较小),那么大概不会得到足够强的证据可以抛弃最初的假设。正是由于会出现这样的错误,数据达人才应该问:“零假设是什么?”一个糟糕的零假设会制造出“一切正常”的假象,但事实只是尚没有足够的数据来证明事情出错了而已。

请谨记,科学是为了挑战现状的。在实际应用中,零假设和备择假设的设置方法,应该是让备择假设反映你想要实现或相信的情形。而收集数据的目的是证明零假设不太可能成立。

你的实习生想要展现他在提升客户满意度方面的努力有显著的成效,那么就应该以如下的方式设置假设检验:

- H_0:本季度推荐率≤上季度推荐率。

- H_a：本季度推荐率>上季度推荐率。

我们会很快再次回到这个例子。

假设相等

你想要替换食品当中的某个关键成分来降低食品制造的成本。你的团队很快组织了一次品尝调查，以10分制来度量顾客是否注意到了不同成分的区别。使用旧配方时，20个人当中有18个表达了购买意愿，而在新的调查当中，20个人中有12个表达了购买意愿。

采用零假设："新产品的购买率等于旧产品的购买率"以及0.05的显著性水平，计算得到的p值是0.064[①]。p值大于0.05，因此零假设未被抛弃。你的上司乔治认为，这意味着"我的数据团队表面旧配方和更便宜的新配方没有区别。让我们降低成本吧。"

乔治假设旧配方和新配方没有区别，但或许只是他没有足够的数据证明二者不同。从这个例子中我们可以总结出：未能抛弃零假设，不意味着它被证明是对的。[②]

显著性水平是多少？

我们在前文中提到，显著性水平是你在零假设范围内能够容忍的数据偏差。

一般而言，显著性水平往往采用5%，即0.05，尽管这个选择颇为主观。某些行业或研究者选择1%，即0.01，有些甚至更小。欧洲核子研究组织的研究者在检测希格斯玻色子时的显著

① 这里我们采用了双边费希尔精确检验（two-sided Fisher's exact test）。

② 在这个例子当中我们用到了等效检验，它并非本书想要覆盖的内容，但存在这样的检验。如果你能够跟随本章的逻辑，你也能够理解等效检验。

性水平小到惊人[1]。显著性水平越小,发生弃真错误的可能性就越小。

很可能你最开始选择了5%的显著性水平,仅仅因为你总要选一个数字。但这个数字选择很重要,5%的显著性水平意味着20次测试中会有1次错误地抛弃了零假设。你能否接受这样的误差?

我们很容易选择一个显著性水平,让每次结果都符合统计学显著。很多软件已经将5%的显著性水平作为代码中的默认值,但这个选择并不能反映每一个不同行业的需求。显著性水平也有可能是由公司的数据科学家决定的,但他未必会将他的选择告诉其他员工,只是声称结果在统计学上显著。最糟糕的情况是进行了统计检验,并在得到结果之后才确定显著性水平——这就像先扔飞镖再画靶子。比如说,某人进行了统计检验,得到的 p 值是0.11,于是就将显著性水平定为0.15,这样就能声称自己得到统计学显著的结果了。

因此,事先询问显著性水平是非常重要的。

此外,在实践中降低显著性水平能够减少弃真错误发生的概率,这意味着你将抛弃零假设的阈值调高了。为了抛弃零假设,你必须得到更极端(或者说,更有说服力)的数据。这听上去不错,但随之而来的代价是纳伪错误的概率会升高。弃真错误和纳伪错误之间的权衡取舍非常重要,也不存在一个普适的泛用值。你需要考虑问题本身,以及两种错误可能带来的成本,来决定合适的平衡点。

---

① 参考这篇博文:《什么是五倍方差?》blogs. scientificamerican. com/observations/five-sigmawhatsthat。

你做了多少次测试?

在了解显著性水平之后,你还应该询问你的数据团队一共进行了多少次测试。如果他们用不同的方法研究数据,有可能会在5%的显著性水平下做数十个甚至数百个非正式的统计检验。举个例子,一位研究者对癌症患者的日常食谱数据集产生了兴趣,想要知道哪些食物可能与更高的存活率有关。当数据集中有100种食物时,如果选择了5%作为显著性水平,就意味着大约会有5种食物给出统计学显著的结果,即便事实上没有哪种食物对于癌症存活率提升是确实有效的。[1]

置信区间是多少?

之前我们简短地介绍了置信区间及其组成部分,接下来是关于置信区间的系统性讨论。

置信,正如显著一词,在统计学当中的含义都有别于日常的使用。在统计学中,置信区间与显著性密切相关,事实上,显著性水平和置信水平是一对对称的概念——显著性水平5%对应着置信水平95%,即置信水平=1−显著性水平。有时,我们会说"在95%的置信水平下,我们抛弃零假设",而非"在5%的显著性水平下,我们抛弃零假设"。

接下来讨论为何看到统计结果时应该询问置信区间。之前提到,我们希望置信区间能够将真实值包括在内。本章前面给出的调查例子中,样本量为$N=1000$时,置信水平95%的置信区间为(62.5%,68.5%)。如果接受调查的学生个数不是1000

① 这个错误可以通过多种统计学方法进行修正,可以查阅"多重比较问题"相关资料来进一步了解。

而是 100，而 65%的学生回答“是”，那么置信水平 95%的置信区间就是(54.8%，74.2%)。由于样本量更小，置信区间的宽度远大于 1000 个样本时的，这意味着真实的数值可能存在于一个更大的范围当中。随着样本数量 N 的增加，置信区间会随之变窄。更多的数据会带来更多的证据，不确定性随之降低。这是符合直觉的。而如果我们知道所有人的回答，就不再需要置信区间，因为真实值就会是已知的了。

置信区间可用来估计统计检验的**效应量**(effect size)[①]。举个例子，如果你想知道美国的女篮运动员与欧洲的女篮运动员身高是否相同，那么就可以建立如下的零假设 H_0 和备择假设 H_a。

- H_0：美国球员的平均身高＝欧洲球员的平均身高。
- H_a：美国球员的平均身高≠欧洲球员的平均身高。

假设你的数据工作者开始工作，收集了数据，计算出 p 值，并与 5%的显著性水平进行比较。他们得到如下结果：p 值小于显著性水平，美国球员的平均身高不等于欧洲球员的平均身高，结果是统计学显著的。

但你是否感到缺少了一些信息呢？有时候我们看到统计学显著的结果，就认为这可以一锤定音——**统计学显著？那这意味着它 100%是正确的**。但统计检验试图搜寻的是差异，不论它是否有意义。这也是为什么你不应仅看到 p 值就满意了。在女篮运动员身高的例子中，假设美国球员和欧洲球员的平均身高分别是 182.8cm 和 182.3cm，那么身高差的 95%置信区间就是 0.5cm±0.4cm。

仅仅半厘米的效应量，是否真的有意义呢？

---

① 在统计学中，效应量一词有很多含义，这里它代表样本之间的差异。

结果是否具有实际意义?

当样本量很大时,我们可能会发现一些微不足道的差异。如果我们只关注 p 值而非置信区间,就有可能误以为自己发现的是重要的效应,然而实际上只不过是毫无实际意义的微小差别而已。所以当你看到置信区间之后,要思考你是否看到了一个有实际意义的效应。

你做了因果性假设吗?

现在我们回到实习生的例子上。你想知道实习生的工作是否确实使本季度的顾客推荐率有所提升,由于需要证据证明这一点,零假设和备择假设如下。

- H_0:本季度推荐率≤上季度推荐率。
- H_a:本季度推荐率>上季度推荐率。

每个季度各有 100 名顾客进行了反馈,而上个季度的 100 名顾客中有 50 名推荐了公司,这个季度则有 65 名。选取 5% 的显著性水平,结果是否统计学显著?使用统计检验[①],计算得到的 p 值是 0.02,小于 0.05。因此,我们可以抛弃零假设,并认为当前季度的结果与上个季度的结果有统计学显著的差别。实习生感到十分兴奋,感到这可以弥补他在篮球场上的糟糕发挥。“看来我在顾客服务方面的工作起到了成效。”

但果真如此吗?相关性不代表因果性,顾客满意度的提升可能是多个因素共同作用结果的总和,而除非对旧方法和实习生的新想法进行严格的对照实验,否则我们无法证明实习生的

① 在统计软件 R 当中使用如下指令:prop.test(c(65, 50), c(100, 100), alternative ="greater")。

工作与顾客推荐率的提升存在因果关系。

本章小结

本章讨论了统计推断的定义，以及如何质疑你所遇到的统计结果。我们列举了一系列可用于质疑统计断言的问题，并展示了它们的重要性。这些问题是：

- 统计结果的背景是什么？
- 样本量是多少？
- 这是在测试什么？
- 零假设是什么？
- 显著性水平是多少？
- 你做了多少次测试？
- 置信区间是多少？
- 结果是否具有实际意义？
- 你做了因果性假设吗？

有了这个问题清单，你就能够更有效地质疑及理解你遇到的统计结果。

第 3 篇

理解数据科学家的工具箱

你可能听过这些术语：机器学习、人工智能、深度学习。它们也可能是你阅读本书的原因，现在我们要揭开它们的神秘面纱了。

无论名称如何变化，数据科学领域一直都处在不断变化的状态。但是，数据科学中一些最基础的概念和工具几十年来一直被人沿用，并且共同组成了今天的热门领域，包括文本和图像分析。本书第 3 篇"理解数据科学家的工具箱"将在高层次上教给你这些概念和技术。

以下是本篇要介绍的内容：

第 8 章　寻找未知分组

第 9 章　理解回归模型

第 10 章　理解分类模型

第 11 章　理解文本分析

第 12 章　解析深度学习概念

在本篇中，你还会学到一些即便是经验丰富的数据分析师也常犯的错误。

第 8 章

寻找未知分组

如果你足够努力挖掘数据，上帝会给你线索。

If you mine the data hard enough, you can find messages from God.

——迪尔博特（Dilbert，也作“呆伯特”，著名漫画人物）

假设某天你的朋友需要你帮忙把他收藏的复古黑胶唱片进行分类，你会如何做？或许你打算根据音乐流派把唱片分为不同的子类，或者你可以根据唱片的发行时间进行分类。这些信息在封面上就很容易找到。

但等你到了朋友家，你惊喜地发现，这些黑胶唱片没有任何封面包装，这些宝贝是你的朋友从旧货市场淘来的，所以你不知道这些唱片的流派、艺术家或发行时间。

现在，你不得不把刚刚设计好的规划抛在脑后——不会有任何的专辑封面信息来指导你进行分类。这个分类工作突然变得比预期的困难得多。

所以你和你的朋友只好把每一张唱片拿出来听，根据音乐的相似程度把音乐分成不同的组别。在整个过程中可能会出现新的组别，一些相似的小组也可能会被合并在一起，一些唱片可能会从一个组别被换到另一个听起来更接近的组别。

在一番激烈的讨论后，你和你的朋友最终共同确定了 10 个组别，并给每个组别取了一个描述性的名字。

所以，你和你的朋友刚刚就参与了一场**无监督学习**的过程。你们对于数据没有太多的预期了解，但数据却以一种方式自动分出了组。

本章的重点内容就是讨论无监督学习。无监督学习是在没有标签类目的情况下，通过数据自组织、自学习的方式对数据进行分类的算法，目前被广泛应用在客群划分、音乐类目划分和手机照片管理等情景。

8.1 无监督学习

无监督学习的核心就是寻找数据背后的隐藏分组。如果这些分组真实存在,那么就会有很多种方法来旋转、拆解或重新分配这些数据。一位优秀的数据达人应当在多种无监督学习方法中游刃有余地找到合适的分组方式。

面对大量的无监督学习方法,我们将从何开始呢?如果要对监督学习有一个基本的认知,我们认为了解这两种基础的操作及其方法就足够了:

- 利用主成分分析法(PCA)进行降维操作;
- 利用 k-均值聚类算法进行聚类。

本章将详细就这两种技术进行展开,讲解它们背后的含义,并介绍它们是如何实现降维和聚类的。

8.2 数据降维

或许你在日常生活中就对“降维”的概念较为熟悉了。把三维的世界拍成一张二维的照片,然后装到口袋里,这就是最简单的降维概念。

我们把数据集中的行和列作为样本和特征,将列的数量(特征的数量)称为数据的维度。在保留数据集信息的基础上,把特征压缩到更少类别的过程就是数据降维。简单来说,就像刚刚的音乐分类一样,我们正在寻找数据中隐含的分组信息,以便把数据合并到一起。

接下来看看为什么数据降维这么重要。我们知道在计算机上处理含有大量特征的数据集可能是非常缓慢的，且会使数据的处理过程枯燥乏味，挖掘数据背后的含义则变得更加困难，甚至根本不可行。例如在生物学中，数据集的维度可能是巨大的，研究员需要在数以千计的基因表达中进行分析，其中很多特征都是高度相关而冗余的。

因此，在加快计算时间、消除冗余和提升数据可视化效果方面，数据降维就显得十分重要了。那么，我们应该如何进行数据降维呢？

创建特征组合

减少特征数量的一种有效做法是将多个特征组合在一起，形成一个复合特征。举一个真实的例子，1974 年，人们对 32 辆汽车进行了道路测试，测试包括每加仑英里（MPG）、马力、汽车重量等其他特征[①]。而我们的任务就是要寻找一个"效率"指标，来将这些汽车的效能从高到低排序。

测试数据显示，每加仑英里是最明显的分类特征，如图 8.1 左栏所示，汽车依照其性能由上至下依次排开，可以看到有很多汽车的数据聚集在中间附近，因此我们会思考，能不能依赖其他特征对数据进行进一步的分离呢？接下来看图 8.1 的中间栏，我们创建了一个新的特征：汽车的 MPG 减去它的重量[②]。而我们仅是将两个特征组合成一个新的特征，就得到了区分度更高的分布。

接下来，我们创造了第三个效率指标，其公式是"效率＝MPG－（重量＋马力）"（像这样的等式称为线性组合）。通过特

---

① 该数据为 R 语言数据集。我们从 32 辆汽车中选择了 15 辆的数据进行展示。

② 因为这些特征的范围有很大的不同，所以合并之前需要将它们放在相似的刻度尺上。

征组合，我们就得到了比使用其他单独的特征更分散的数据分布，如图 8.1 右栏所示。进一步观测这样的分布，就会得到一些有趣的现象：重型油罐车和轻型油罐车位于效率分布的底部，而轻型、省油的汽车则分布在顶部。这样，我们通过利用新的特征“效率”，取代了原有的三个特征维度，这个过程就是数据降维。

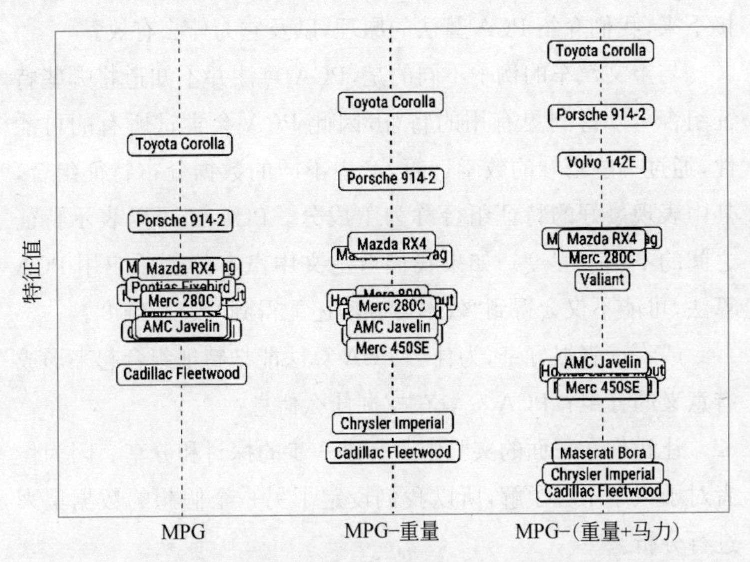

图 8.1　根据不同的综合特征对汽车进行分类。当更多的特征被浓缩到统一的“效率”维度中时，汽车的排序更加分散

在这个例子中，我们有先验的知识，将汽车的 MPG、重量、马力组合成一个新的特征，进而挖掘出了更加有趣的知识。但大多数时候，你是没有这些先验知识的，那么要如何组合这些特征呢？这就涉及无监督学习的本质了，接下来详细介绍主成分分析法(PCA)的作用。

8.3 主成分分析法(PCA)

主成分分析法(Principal Component Analysis,简称 PCA)是一种数据降维方法,发表于 1901 年,远早于数据科学与机器学习算法流行的今天,但时至今日它仍是一种十分好用的工具。接下来,我们介绍 PCA 算法的原理,以及它为什么有效。

与上文汽车的例子不同的是,PCA 算法并不知道将哪些特征组合可以得到更有用的特征,因此 PCA 会尝试所有的可能性,通过一些巧妙的数学运算,产生不同的数据分布特征组合,其中表现最好的特征组合称为主成分。PCA 还可以表示特征之间的不相关程度。如果我们对上文中汽车的例子应用 PCA 算法,可能不仅会得到"效率"维度,还能得到"表现"维度。

或许读者很好奇,为什么 PCA 算法能把特征组合起来形成有意义的分组? PCA 究竟在挖掘什么信息?

让我们在下面的实验中进行进一步的探讨和分享。因为作者对于汽车不甚了解,所以我们设定了另一个假想的数据集来进行分析。

运动员表现的主要特征

想象一下,你在一家运动俱乐部工作,现在你有一份 30 列、数百行的运动员体能数据。数据内容涵盖:他们在一分钟内能做多少个俯卧撑、仰卧起坐和举重;他们跑完 40 米、100 米、1600 米的耗时;诸如静止脉搏、血压等生命体征和健康指标的数据。现在,领导交给你总结数据的任务,但体量如此庞大的数据让你毫无头绪。诚然,这份数据蕴含着很多信息,但你能否从特征中进行提取和挖掘,并进行可视化展示呢?

首先你会发现一些明显的关联。例如：常做俯卧撑的运动员也会常做力量训练；100 米成绩不佳的运动员，40 米的表现也很糟糕。许多特征看来都是高度关联的，于是你开始思考能否把这些互相关联的特征进行精简和浓缩，让这些特征在保留整体信息的基础上减少数据的冗余。而这正是 PCA 的作用。

图 8.2 抽象地描述了你正在进行的工作。然而即使是使用计算机，完成 30 个变量之间相关性描述的探索也是十分困难的（这需要利用散点图对 435 个特征逐一对比[①]）。所以，你需要利用 PCA 算法来探索数据集中的关联性，PCA 输出了两个数据集[②]。

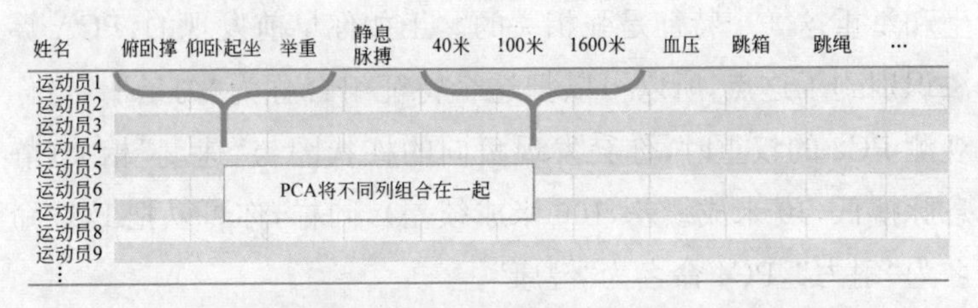

图 8.2 PCA 将数据集的列分析并整合成新的、不相关的维度

图 8.3 展示了第一个数据集，在这个表格中，特征按行依次排列，列则表示每个特征的权重。这些权重展示了 PCA 算法中的一个重要过程。我们对权重进行可视化，表示它们之间的相关性，相关性的范围为(−1,1)。权重越接近这个范围的边界，特征间的关系就越明显。所以，你需要在特征的权重当中寻找有价值的部分（用表中的 PC 表示）：远离中轴线的特征可能有特殊的含义。

在表格的第一列（PC1 权重）中，你可以看到俯卧撑、仰卧起

① 30 选 2，结果为 $30!/((30-2)!\times 2!)=435$。

② 没有软件会返回图示的 PCA 结果。本书尽力避免展示方程和数字，将重点放在可视化上。

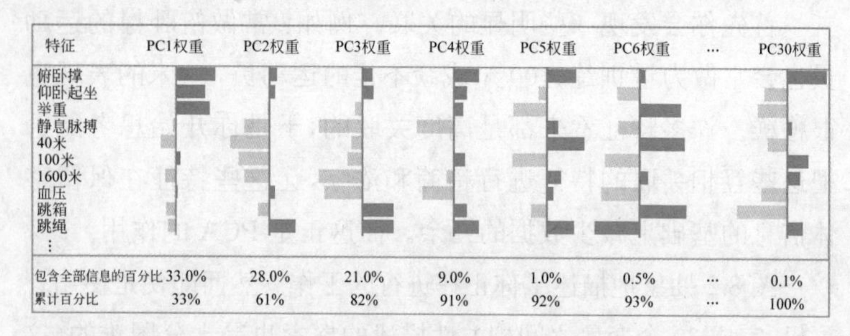

图 8.3　PCA 找到最优权重，用于创建其他特征线性组合的复合特征。有时，你可以为新的复合特征提供一个有意义的名称

坐和举重这 3 个特征是强相关的。正如你早前发现的，PCA 算法识别到了这点，所以可以把这个特征组合称为“力量”。当你观测 PC2 的权重时，你会发现负向的柱状图与“速度”相关（静息脉搏低，40 米成绩差，100 米成绩差），同样，你可以把 PC3 命名为“耐力”，PC4 命名为“健康”。

这样，你就从大量高相关维度的数据中收获了新的只拥有 4 个不重合特征的数据。正因为每个新的特征都不相关，因此每个维度都提供了不重合的信息，这样就有效地把数据中的信息划分成了不同的维度。正如表中“包含全部信息的百分比”一行所描述的，仅使用这 4 个特征，就可以保留原始数据集中 91%的有效信息。

使用图 8.3 所示的权重，每个运动员的 30 个原始测量值可以通过线性组合转化为“力量”“速度”“耐力”“健康”等主成分。例如，一个运动员的“力量”指标是通过以下方式计算的：力量＝0.6×俯卧撑数量＋0.5×举重数量＋0.4×仰卧起坐次数＋其他特征的微小贡献。

其中系数（权重）0.5、0.5、0.4 可由算法得到，而我们仅对其进行了简单的可视化展示。

如图 8.4 所示，对运动员数据进行一系列计算，会得到 PCA 输出的第 2 个数据集。这个数据集的大小与原始数据大小相同，但是特征则变成了 4 个主要特征(即组合特征)。

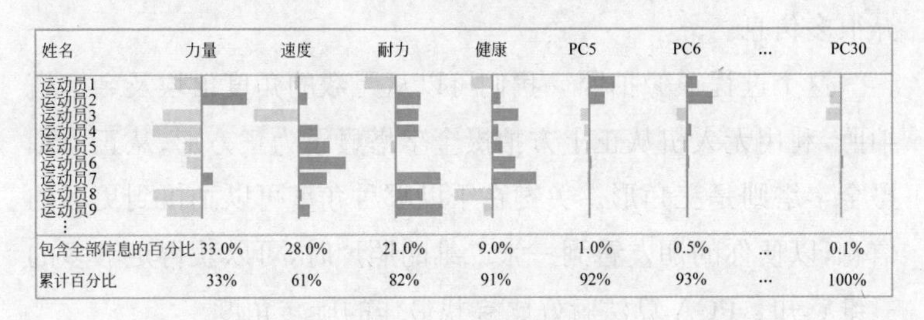

图 8.4　用 PCA 算法生成的新的数据集，大小与原数据集相同，而特征变为复合特征

因此，相比于需要用 30 个特征来描述的原始数据集，图 8.4 中仅用 4 个特征就描述了原数据集 91%的信息。这就是降维！这样你就可以顺畅地进行数据挖掘或进行数据可视化展示了。当然，无论谁是最强壮的或跑得最快的运动员，你都可以有更容易解释和说明的数据了。

PCA 算法总结

让我们再回到上一层，并说明几个问题。

首先，对于数据集中的某一列，衡量信息是否有价值的依据是方差。举个例子，如果我们在运动员数据中新增一个特征列，该列表达了每个运动员最喜欢的运动鞋品牌，每位运动员的答案都是“耐克”，那么对于每一位运动员来讲，这列数据没有任何的区分度。没有区别＝没有信息。

PCA 算法的核心思想是将数据中的所有变量进行有效提取，将它们尽可能少地浓缩到几个不同的维度中。PCA 算法观测每个原始维度之间的关联程度，要知道，仅通过几个真正的特征就可以刻画整个数据集的绝大部分信息。PCA 背后的数学原理有效地“旋转”并整合了这些维度，使我们能够以另一种方式来看待数据集：观测其主要特征（主要成分）的同时，无须丢弃很多信息。

这个过程很像拍照。我们可以从无数的角度给埃及金字塔拍照，利用无人机从正上方拍摄金字塔显示为正方形，从正面拍摄金字塔则是三角形。关键在于以哪种角度可以拍摄到更多的信息，以便你的朋友看到一张二维的照片时，可以获得足够多的三维感知。PCA 算法就好比寻找最佳的旋转角度。

潜在的陷阱

现在，你已经初步了解 PCA 算法了，但是现实世界中的例子很难像前面描述的健身俱乐部例子一样，很容易从特征中区分出主要成分。

数据往往是十分混乱的，因此据其生成的主成分也经常缺少明确的含义，甚至很难有清晰的描述。根据我们以往的经验，人们很想给这些主成分取一个响亮的名号，以至于他们会给这些数据安上一个比较宏观的名头。作为合格的数据达人，你不应直接接受别人对主成分的定义，一定要质疑和挑战，深入背后的方程式去感受和理解主成分的含义。

此外，PCA 并不是要将那些不重要或我们不感兴趣的变量直接剔除。主成分是由所有特征共同组成的，基本没有任何特征被删除。就像健身俱乐部的例子，每一个原始特征都可能与其他几个特征共同组合成了 4 个主要的主成分：力量、速度、耐力、健康。记住，从 PCA 计算得出的数据集与原始数据集是大小相同的。所以当数据分析师决定丢弃一些特征时，要明确是不是按照正确的方式去做的，要确定 PCA 保留了多少特征，是如何保留的。这也是人们在 PCA 中常犯的错误。

最后,PCA 十分依赖“高方差表示包含更多的信息”这样的假设。很多情况下,这个假设是正确的,但并不总是如此。例如,在健身俱乐部的例子中,添加一项关于每个运动员家乡人口的特征。这个特征虽然变化很大,但可以说与运动员成绩毫无关系。但因为 PCA 的原理是寻找变化大的特征,可能误认为这样的特征十分重要,但其实事实恰恰相反。

8.4 聚类

特征组合(列)在 PCA 算法的加持下,可以表达成一个完整的故事。但观测值(行)表达的可能是另一个含义[①]。

聚类可以算得上最直观的数据科学任务,毕竟名称就已经描述了工作内容(与主成分分析法 PCA 形成了鲜明的对比)。如果你的领导让你把俱乐部的运动员分为几组,你从字面意义上就会知道要做什么。当你看到图 8.5 中的数据时,一些问题会自然而然地出现在你的脑海:可能会存在多少个组?你会如何对这些数据进行分组?当你开始行动时,或许你会将更健壮但跑步更慢的运动员分成一个组,将更弱小却跑得更快的运动员分为另一个组。我们不妨将这两组分别命名为“健美运动员”和“跑步运动员”。

思考一下,你会如何将这些数据进行分类,以及你会如何做出决定?或许你懒得分组,你也可以说“表中每个人都是运动员,所以只有一个分组:运动员。”甚至还可以更懒一点:“每个人都是不同的个体,每个人都可以自成一组,因此有 N 个分

① 需要明确的是,PCA 和聚类是不同的目标,互不存在依赖关系。

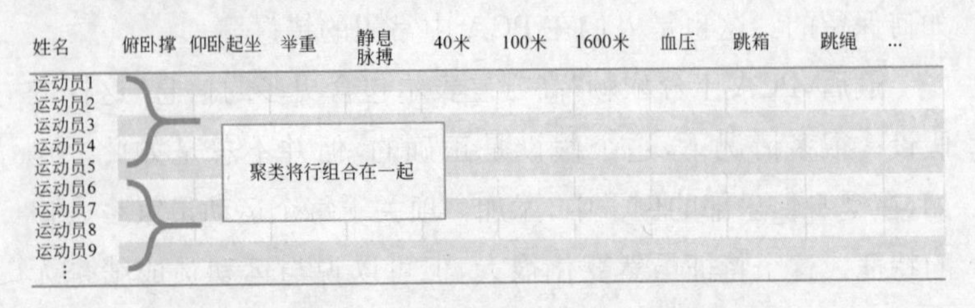

图 8.5 聚类是将数据集的行组合在一起的技术

（回想前面的内容，PCA 是将列组合在一起）

组。”这两种说法都是无意义的，但这里明确了一个基本的事实：我们需要的分组个数在 1 到 N 之间。

在没有一套清晰明确的分类准则的情况下，你必须要思考的一个问题是，如何判断一个运动员与另一个运动员是否更加“相似”或“接近”？观察表 8.1 的数据子集，你认为这些运动员中哪两位最接近？

表 8.1 哪两位运动员更接近

运动员	俯卧撑	静息脉搏	1600 米成绩(分钟)
A	40	50	4:30
B	30	55	8:00
C	100	65	9:00

你可以尝试任意组合，这完全取决于你如何认定“接近”。例如 A 和 B 在俯卧撑和静息脉搏方面很接近，A 和 C 分别是 1600 米成绩和俯卧撑数量上最好的，因此也可以认为他们很接近。B 和 C 由于都跑得比较慢，所以他们也可以被认定为接近。

因此，你能够得出的结论完全依赖你关注的方面，也取决于你是如何衡量“接近”这一概念的。当然，无监督学习并不知道这些。

这个例子展示了聚类中的一些重要问题：究竟要分成多少

类？怎么样判断两个观测值是否“接近”？什么是将相似的观测值分组的最好方法？从 k-均值分类算法开始会是一个非常好的尝试。

8.5 k-均值聚类

k-均值聚类算法是一种广泛应用于数据科学领域的聚类技术。使用 k-均值聚类算法，你只需要明确需要在数据中有多少个聚类（k 值），算法会自动将 n 行数据合并到 k 个不同的聚类中，每个聚类称为一个“簇”，每个簇中的数据点尽量彼此“接近”，而不同的簇内的数据尽可能“远离”对方。

上面的说法让你感到困惑吗？来看一个例子。

零售商店聚类

如图8.6所示，某公司想要将其美国的200家零售商店分配到6个区域中，为每个区域设立区域办事处。可行的方法是将商店按照标准的地理区域划分（例如中西部、南部、东北部等），但显然公司不会按照这些预设的地理位置部署分区。相反，他们试图利用 k-均值算法将数据自动聚类成6个区域。数据集目前有200行数据，其共同特征是经度和纬度[①]。

我们的目标是在地图上找到6个新的中心点，每一个点都表示这个集群的中心位置。从数值上看，这个中心点就是集群中每个成员的均值（这也就是 k-均值中“均值”的含义）。在这个案例中，中心点代表区域办事处可能的驻地，这样200家零售

① 我们在这个例子中做了许多简化的假设。这种方法在技术上对球体上的点进行分组是不正确的，因为经纬度坐标并不存在于欧几里得空间中。我们所使用的距离指标忽略了地球的曲率，以及高速公路等现实限制的影响。

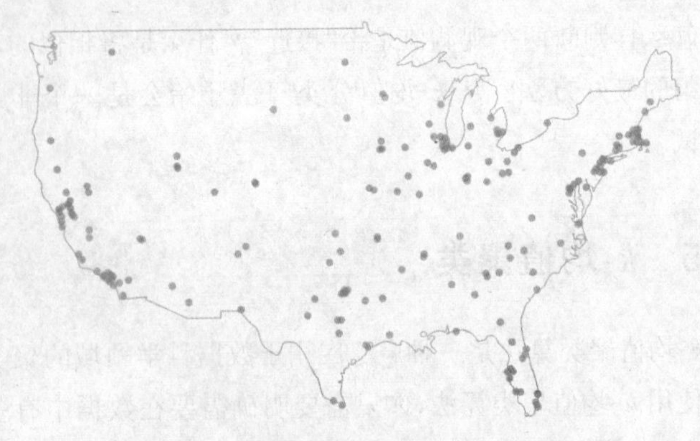

图 8.6 某公司的 200 家零售商店分布(聚类前)

店中的每一家都可以分配到距离其最近的一家办事处。

以下是算法的具体步骤。首先,随机选择 6 个地点作为潜在的区域办事处。为什么是随机的?因为算法总是要从某个状态开始计算,计算的是地图上每个点和中心点的距离(通常是直线距离),每个点都选取距离自己最近的中心点作为计算目标。这在图 8.7 的第 1 轮聚类中可以看到。

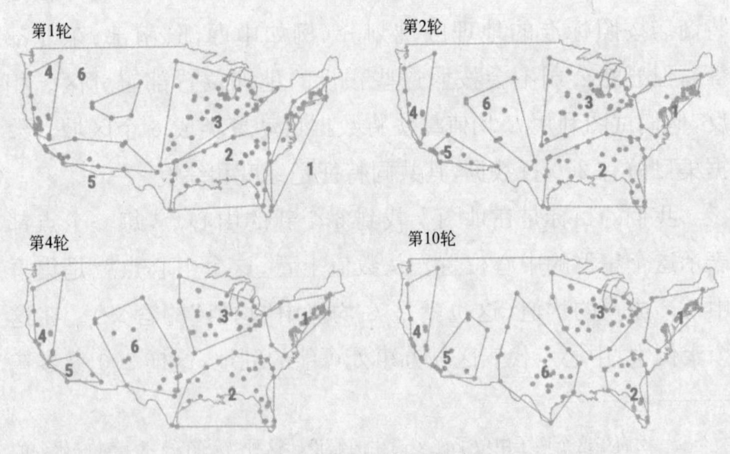

图 8.7 *k*-均值聚类过程

每个数字都代表起始位置,并且画出一个封闭的多边形来表示集群边界。注意,在第1轮聚类中,组别“6”的中心点距离所在集群很远——至少在第1轮中情况如此。甚至有某些随机生成的起始点在海里。

每一轮聚类都会对集群中的所有点计算出平均点,也就是中心点,下一轮中,数字的位置就会移动到这个新的中心点。进而,200家商店每家都可能会发现距离更近的中心点,因此,每个商店会被重新分配到距离最近的区域位置。就这样重复这个过程,直到每个点都停止切换集群。图8.7展示了连续聚类几轮后的k-均值过程。

在这样的思路下,该公司将200家门店重新划分为6个区域,并将集群确定的地点设置为区域办事处。

总结下来,k-均值算法就是一种寻找数据中自然形成的簇,像磁铁一样将数据越拉越近,继而找到聚类中心点的算法。

潜在的陷阱

在上文的例子中,我们使用“直线距离”作为距离计算公式。但实际上,在对非地理数据进行聚类时,有多种不同的距离计算公式。由于距离计算公式有很多种,本书就不一一列举了。在实际应用中,没有万能的公式,因此你需要跟你的数据分析团队确认使用的是哪种算法,以及为什么是这种算法。确保你们选择了最适合的距离计算公式,而不是简单了事。

另外一个值得注意的要点是数据的规模。我们不应盲目地相信算法的结果,因为从数学的角度,很可能会把两个在数量上占优势的变量归类为“接近”。以表8.2中的3个员工数据为例,我们会把哪两个人判定是“最接近”的?

表 8.2 员工数据

员工	年龄	子女个数	收入(美元)
A	36	3	100 000
B	37	2	80 000
C	22	0	101 000

如果数据没有经过适当处理，那么"收入"这一变量就会成为影响距离公式的主导因素。这是由于两个点之间的数据绝对值差异引起的。而在"收入"这一主导维度上，A 和 C 之间的距离会比 A 和 B 之间更近。尽管 A 和 B 更可能属于同一个群组——30 多岁的工薪阶层父母，而 C 可能是一个刚刚毕业就加入一家热门公司的年轻人。

总而言之，计算机是在帮助我们创建群组，这也意味着没有唯一正确的答案。所有的模型结果都可能是错误的。但如果使用得当，k-均值算法可以帮助我们解决一些问题。

层次聚类

本章结束前，我们再来简单介绍一下层次聚类。层次聚类是另一种被人们广泛使用的聚类算法。与 k-均值聚类算法不同，层次聚类的类别数量并非预先设定的。回想一下本章的开头，当你和你的朋友整理没有专辑封面的唱片时，你并不知道要把这些唱片分成多少个种类。你是从 N 开始，将同类别的音乐归为同一组。随着你不断地听这些唱片，分组自然而然地产生了。你把 2 张唱片归入"现代爵士乐"分组的同时，你的"古典爵士乐"分组中也归入了 3 张唱片。你觉得这样细致的分类意义不大，所以你又把这两个分组合并为“爵士乐”分组。

像这样自下而上地为数据建立有层次的结构，你可以在最后决定将哪个层级定义为最终分组。

本章小结

本章介绍了让数据自我分组的无监督学习方法。在数据中发掘群组是一种功能强大的数据工具，正如俗话所说的，“能力越大，责任越大”。希望你能理解这个主题。

以特定的方式对数据进行分组是算法的能力，而算法的实现依赖数据的质量以及数据集中的变量。这也就意味着不同的选择会产生不同的分组结果。换言之，无监督学习事实上需要大量的监督工作。这绝对不是说简单地在电脑上不停单击“开始”按钮，数据就会自行组织起来。本章提及的算法及其他相关要点已经在表8.3总结出来，可供读者参考。

表 8.3 无监督学习及其管理要求

无监督学习	降维	聚类
算法示例	主成分分析法(PCA)	k-均值聚类算法
是什么	聚类和压缩(按特征)	行聚类(按观测值)
能做什么	在数据中找到更少但包含尽可能多信息的非相关特征	将观测值中相似的数据聚集在一起，形成 k 个分组
为什么	在可视化和数据挖掘中减小数据集大小，加速计算进程。主成分分析法是数据分析中常见的中间步骤	识别数据集中的不同特征和结构，让你区分出不同的群组，实施不同的策略(例如市场营销)

续表

无监督学习	降　维	聚　类
管理要求	需要明确数据的规模、保留多少主要信息，以及如何解释这些主成分	需要决定如何划分数据，明确度量“距离”的方式，以及要创造多少个分类

在本章的结束语中，必须再次重申，在无监督学习领域，永远都没有所谓的正确分组和正确的答案。我们可以把无监督学习的尝试看作数据分析之旅的探索性延伸。第 5 章中讲述的探索性数据分析将有助于帮助我们从不同角度看待数据。

第9章

理解回归模型

回归分析就像那些花里胡哨的电动工具，容易上手但很难精通，而且如果使用不当可能会带来巨大风险。

Regression analysis is like one of those fancy power tools. It is relatively easy to use，but hard to use well-and potentially dangerous when used improperly.

——查尔斯·惠伦(Charles Wheelan)，《赤裸裸的统计学》

9.1 监督学习

上一章介绍了无监督学习算法——在无预设分组的情况下发现数据中的群组。其核心在于,我们并没有预设概念或特征。相反,我们利用基础的数据信息,让数据自己组织起来,并建立起分类边界。

然而,在很多情况下,你其实知道一些数据的基础信息。在这种情况下,你需要利用监督学习的方法来找到输入和输出之间的关系,也就是说,算法有可供"学习"的标准答案。你可以根据自己的理解来判断模型的稳定性。好的模型可以做出精确的预测,并根据输入与输出之间的关系提供一些基本的解释。

仔细回想,其实我们很早就已经了解过监督学习了。回到你刚刚翻开本书,开启数据达人之旅时,我们要求你预测一家餐厅是独立餐厅还是连锁餐厅。为了完成这个预测,你用已知的餐厅位置(输入)与"独立"或"连锁"的标签(输出),在脑中构建了一个关系模型,来对新的地点进行预测。

你可能会惊讶地发现,所有监督学习问题其实都遵循图 9.1 中的流程。模型将训练数据(输入和输出)"扔进"算法,建立起一个从输入到输出的关系模型,这个模型可以对任意一个新的输入值进行输出预测(关系映射)。当输出结果是数字的时候,这个模型称为回归模型;当输出结果是标签(分类变量)的时候,这个模型称为分类模型。

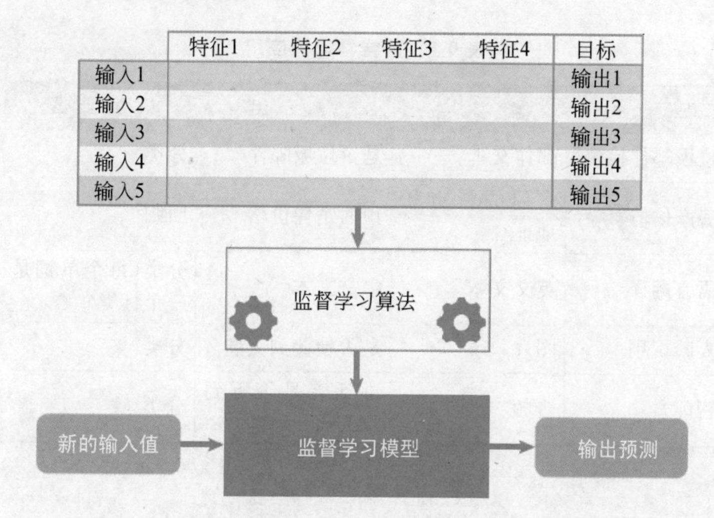

图 9.1 监督学习的基本范式：从输入到输出的映射

本章将介绍回归模型。下一章将会介绍分类模型。

这个流程概括了诸多传统和当前流行的有趣且实用的监督学习算法。无论是在邮箱中检测垃圾邮件，还是房产估值问题，从语言翻译到人脸识别，再到汽车自动驾驶——这些场景中都用到了监督学习。表 9.1 将这些应用的输入、输出和模型类型做了详解。

随着监督学习算法被应用于越来越多的场景，其背后古老的经典算法很容易被人们忽视——那就是创造于 1800 年前后的线性回归算法[①]。线性回归算法中，最经典、应用最广泛的当属最小二乘法回归。最小二乘法回归往往是数据工作者在遇到问题时会首先想到的方法，它强大且无处不在，而且往往被滥

① 通常情况下，“线性回归”指代的就是“最小二乘法回归”。虽然还有其他类型的线性回归，但最小二乘法回归是最常见的。

用了。

表 9.1 监督学习的应用

应 用	输 入	输 出	模型类型
垃圾邮件检测	邮件文本	是否垃圾邮件	分类
房产估值	房屋的特点和地址	预估销售价格	回归
语言翻译	英文文本	中文文本	分类(每个单词是一个标签)
人脸识别	图片	是否检测到人脸	分类
智能音箱	音频	讲话者是否听到“Alexa”	分类

9.2 线性回归能做些什么

假设你在商场经营一家冰饮店。你发现温度会影响冰饮的销量——具体来说,温度越高,冰饮卖得就越多。所以如果能根据温度正确预测销售额,你可以对进货事先进行计划和部署。

如图 9.2(a)所示,将历史数据绘制在了一起,可以发现这似乎是一个很好的线性趋势。如果在数据上拟合一条直线,可以使用公式①“销售额$=m\times$温度$+b$”。这样一个简单的方程就是一种模型②。但是,如何选择数字 m(斜率)和 b(截距)来建立你的模型呢?

你可以自己进行尝试。图 9.2(b)显示了 4 条可能的曲

① 在学习代数时,你一定学过直线的方程: $y=mx+b$。对于任何输入 x,都可以通过 x 和 m 相乘并加上 b 得到输出 y。

② 快速术语提醒:输出 y 称为目标、响应变量或因变量。输入 x 称为特征、预测器或自变量。以上为你可能在工作中听到的术语。

线——看起来都是很合理的猜测。但它们都只是猜测——尽管很接近,但仍然没有通过优化来解释数据间的合理性。

线性回归采用了一种计算方法来拟合最佳曲线。最佳曲线的含义在于,曲线可以尽可能多地解释数据的线性趋势和离散值。这就从数学基础上提供了数据的最佳处理方案。图 9.2(c)就采用了线性回归的方式,其结果为销售额=1.03×温度-71.07。

让我们来看看这是如何运作的。

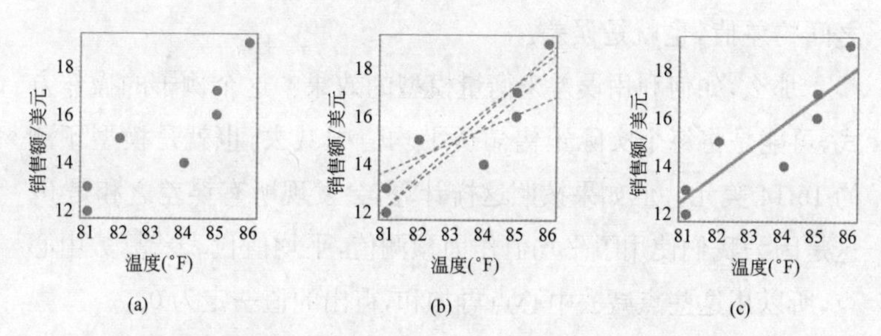

图 9.2 很多曲线看似都拟合了数据点,但哪条曲线是最佳的呢?线性回归会告诉我们答案

最小二乘法回归:不仅是一个时髦的名字

让我们先聚焦于一个简单的输出变量——冰饮的销售额。用过去的销量均值来预测未来的冰饮销售额是一个常见的方法,得到结果为:(12+13+15+14+17+16+19)/7=15.14(美元)。这就是一个简单的线性模型,其中销售额是 15.14 美元。

这尽管是一个线性模型,却忽略了对温度的考虑。这也就意味着,无论温度是多少,以这种方式预测销售额都是 15.14 美元。显而易见,这是一个比较简单的想法,但这确实符合我们关于模型的定义——从输入到输出的映射,只不过在这个例子中,每个输出碰巧都是相同的值。

那么这个简易模型表现如何呢？在这里，我们使用预测销售额和实际销售额的差值来衡量模型效果。当温度为86℉时，销售额为19美元，模型预测值为15.14美元；当温度为81℉时，销售额为12美元，模型预测值仍然是15.14美元。前者表示模型的预测少了4美元，第二个例子则是过度预测了3美元。为了客观衡量模型的性能，我们需要了解模型预测值和真实情况之间的差值，也就是误差。

那么，如何利用误差来衡量模型的效果？这个例子的操作方式，可能是将每个实际销售额从平均值中减去，也就是模型预测的15.14美元。但如果按照这样计算，会发现所有误差之和是0。这是因为我们使用了平均值作为预测值，平均值代表着算数中心点，所以用这些点减去中心点再加和，得出的值一定为0。

显然，这样的衡量方法并不标准，但也确实需要一种方法来综合考虑这些误差。最常见的方法就是最小二乘法。我们把每个误差值的平方加和，这样结果一定不会是零(除非我们数据有误)，这个方法就是最小二乘法。

图9.3(a)是原始的散点图，其中x是温度，y是销售额。当前应用了我们的简单模型：温度对预测没有任何影响，即预测值总是15.14美元，图中销售额的水平线就代表了这个值。也就是说，在温度为86℉，实际销售额为19的数据点，其预测销售额为15.14。该点的垂直线段代表了实际值与预测值之间的差值(其他点也是一样)。在回归中，将长度做平方，可以得到一个面积为14.7的正方形。

当销售额为15美元时，模型预测值仍然为15.14美元，因此对应的正方形面积为$(15.14-15)^2=0.02$。将所有正方形的面积相加，就可以得出简单模型的总误差了。图9.3(a)右侧中的方块则是平方误差的直观表示。正方形面积之和越大，模型对数据的拟合能力就越差；反之，正方形面积之和越小，拟合效果越好。

那么现在的问题是：能否通过优化斜率和截距的值，尽可能减少误差平方和？目前我们的简单模型并没有斜率，而截距为 15.14 美元。

显然，图 9.3(a)并没有很好地完成预测工作。我们添加一个斜率 m，将温度代入方程中，来获得更好的拟合结果。如图 9.3(b)所示，我们推测斜率和截距可能分别是 0.6 和－34.91。这样的数据使得我们的水平线模型从图 9.3(a)中的水平线变成了一条斜线，我们似乎捕捉到了一些上升的趋势。

由于引入了温度因素，从视觉上看，模型的误差已经大幅减小了。温度等于 86℉的点的销售额预测值已经从简单模型的 15.14 变为了 $0.6\times86-34.91=16.69$，这也就意味着误差的平方和从 14.9 下降到了 $(16.69-19)^2=5.34$。

为了得到误差平方和的数学最小值，你可以自己完成对不同的斜率和截距的组合尝试。线性回归从数学上替你完成了这个工作。图 9.3(c)所示的是这组数据中平方和最小的组合。对于斜率和截距做任何微小改变，都会使得平方数变大。

通过对这些信息进行判断，就可以评估模型的适应性如何。尽管图 9.3(c)的结果仍然是不完美的，但它仍然比预测值固定为 15.14 美元的算法要好。

究竟好了多少呢？最初的模型面积之和(平方和)是 34.86，最终的模型面积之和是 7.4。这也就意味着面积已经缩小了 $34.86-7.4=27.46$，这也意味着总面积减少了 $27.46/34.86=78.8\%$。这也就是数据领域经常提到的，模型“解释”“描述”或“预测”了 78.8%(或 0.788)的数据变动。这样的数字常称为“R

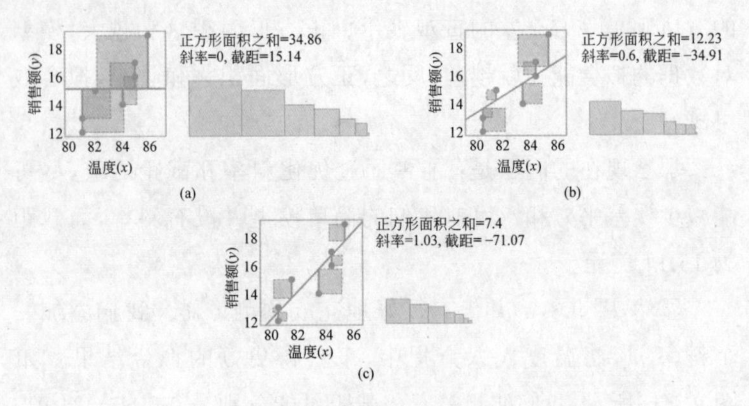

图 9.3 最小二乘法回归是找到实际值与真实值之间最小平方和(以面积形式展示)的直线的算法

平方”或 R^2。

如果模型完全契合数据，那么 R^2 应该等于 1。但是，不要期望在工作中看到 R^2 很高的模型[①]，如果看到了，那大概率是某个环节出错了，你更应当严格要求审核数据的收集过程。回顾第 3 章，万事万物都在变化，而且我们没法解释所有的变化。这就是宇宙的本质。

9.3 线性回归带给我们什么

接下来做一个快速的回顾，并将我们刚刚讨论的内容与图 9.1 中的监督学习流程联系起来。我们将带有输入和输出的数据集送入线性回归算法，算法从数据集中学到了线性方程“销售额 $=m\times$温度$+b$”的最佳参数，并最终确定模型为销售额＝

① 对于有一个输入的简单回归，第 5 章中讨论过的 R^2 是相关系数的平方。然而 R^2 有可能是负的。当线性回归模型比预测平均值更差时，就会出现 R^2 为负的情况。

1.03×温度－71.07。你可以利用它来预测售卖冰饮的收入。

线性回归模型是许多行业的心头好，因为他们不仅可以对数据走向进行预测，还可以解释输入输出的关系（通常也不难计算）。例如斜率为 1.03，就等于告诉你温度每增加一个单位，期望的销售额会增加 1.03 美元。通过使用线性回归，我们就会得到输入对输出的影响的大致程度和方向。

无论是现实世界还是数据中挖掘的信息，都存在不小的随机性，所以很难完美确定线性回归的系数。例如，你从冰饮店收集到了一组新的数据，温度的影响（斜率）也许从 1.03 变化到了 1.25。模型计算用到的数据只是部分样本，因此必须要对结果进行统计学思考。统计学软件可以帮你检测每个系数的 p 值（无效假设检验，H_0：系数为 0），可以帮助你确认该统计值是否与 0 不同。例如有一个系数为 0.000003，那么它非常接近于 0，并且可能反映了模型中一个实际为零的东西。

换言之，如果系数在统计学上与零无异，那么你大可以直接删除这个特征——为什么要保留一个对于输出没有任何影响的输入特征呢？当然，本书第 6 章的统计学内容仍然适用。一个具有统计学意义的系数可能并没有实际意义，所以要先考虑实际场景，再来判断系数。

扩展到多个特征

现实中，你面临的场景比冰饮店要复杂一些，销售额不仅会受到温度的影响（毕竟，冰饮是季节性业务），还受许多其他特征输入影响[①]。幸运的是，刚刚的简单线性回归模型也可以扩展

① 线性回归模型中的特征/输入数的上限是 $N-1$，其中 N 是数据集的行数。因此，最多可以用 11 个输入来预测 12 个月的月销售额。

到多元特征输入的场景。只有一个输入的线性回归称为简单线性回归;有多个输入的回归称为多元线性回归。

接下来展示一个具体的例子,对第 5 章讨论的房地产数据问题做一个快速的多元线性回归。这个数据集拥有 1234 套房产和 81 个输入,但为了简化,我们只看其中的 6 个输入(当然也可以使用 PCA 来降维,但我们并不想让这个案例过于复杂)。

我们依据地段面积、建造年份、一楼面积、二楼面积、地下室面积以及卫生间数量来预测房屋的销售价格(输出)。接下来,线性回归模型将发挥它的魔力,学习数据并输出模型的最佳系数。相关的斜率和截距如表 9.2 所示。

表 9.2　适用于房地产数据的多元线性回归模型,所有相关的 p-值在 0.05 显著水平上有统计学意义

输　入	系　数	p-值
截距	−1614841.60	<0.000
地段面积	0.54	<0.000
建造年份	818.38	<0.000
一楼面积	87.43	<0.000
二楼面积	90.00	<0.000
地下室面积	53.24	<0.000
卫生间数量	−7398.13	0.017

多元回归模型的核心原则是在控制其他变量的同时,分离出单个变量的影响。例如,我们可以说,在其他条件不变的情况下,新一年建成的房屋(平均)会比前一年增加 818.38 美元的销售价格。每个特征的系数都表示其对价格影响的程度和方向。也就是说,增加 1 单位的该特征会对价格产生哪些影响。在面积上增加 1 个单位和在卫生间数量上增加 1 个单位,效果显然

是不同的。如果需要对这些系数进行一一对应的比较，有很多统计学缩放工具可供选择。

我们需要对每个系数都进行相关性测试，以区分其在统计学上是否与零不同。如果与零没有区别，则可以安全地将其从模型中删除，因为这一特征不会增加任何信息或改变输出。

9.4 线性回归的隐患

如果本书的作者是骗子，我们就会在这一章的结尾向读者大力推销一些线性回归软件，并声称它们是可以解决业务需求的"万能药"。我们甚至连广告词都想好了："输入数据，获得模型，今天你就能完成你的业务预测！"这听起来十分简单，但相信各位读者已经对数据有了足够多的了解，知道这断然不会如此简单（至少不会像推销的那样简单）。就像本章开头的引言一样，线性回归在错误的人手中可能会造成潜在的风险。因此，无论是创建还是使用回归模型，都需要保持一种怀疑态度。方程、术语、计算方式都让线性回归看起来可以自我修正数据集中的任何问题。但显然这是不可能的。

下面我们来一起了解线性回归的一些隐患。

遗漏的变量

如果输入变量在模型训练过程中被省略，那么模型将不能正确学习输入和输出之间的关系。就像刚刚的简单模型，我们没有考虑温度的影响，只根据过去的销量平均值预测冰饮的销售额，这就是一个典型的案例。所以，现在你学到了这一知识，可能就会在模型建设中选择大量的相关特征。所以模型成功的关键在于将有关的知识正确引入监督学习模型，而不是将特征选择的工作交予数据工作者。

举个例子，上一节中住房模型的 R^2 值为 0.75，这也就意味着我们的模型可以解释 75%的销售价格变化。但仔细想一想，我们可能忽略了其他的关键因素，包括经济情况、利率、附近小学的评级等。这些没有被包含在模型中的变量可能不仅影响了模型的预测效果，还可能导致得出一些不合常理的结果。例如表 9.2 中的卫生间数量系数是负的，这就十分离谱了。

再考虑另一个案例。假设一个线性回归模型能够预测每个人每分钟能读多少字，模型"学到了"一个非常大的正系数——鞋码。显然，这个模型中缺失了年龄这个变量，而鞋码是一个可以删除的特征，出现在这里仅是因为它和年龄相关。现实工作中的异常可能并不像这个例子一样明显。遗漏的变量将会带来非常多的麻烦和误解，而最常见的遗漏变量就是时间。

希望你在阅读本章时，能再一次想起那句话"相关不等于因果"——模型的输入变量和输出变量并不一定存在因果关系。

多重共线性

如果你的线性回归的目标是可解释性——能够通过研究系数确定输入对输出的影响，那么就必须要考虑多重共线性(multicollinearity)的问题，多重共线性的含义是几个变量是相关的。显而易见，这会对模型的可解释性带来直接挑战。

现在重温一下多元回归的目标——在保持其他输入不变的情况下，分离出单个输入的影响。显然，这只有在数据无关联的情况下才成立。

举个简单的例子，之前在冰饮店的分析中使用了摄氏温度和华氏温度。显然，这二者是完全相关的，因为一个可以用另一

个的函数表示。但假设每个温度的读数都是用不同的仪器测量的。[1] 那么模型会从

$$销售额=1.03\times温度-71.07$$

变化为

$$销售额=-0.2\times华氏温度+2.1\times摄氏温度-30.8$$

现在看起来,增加华氏温度甚至会对销售额产生负面影响!当然我们知道,输入是冗余的,而线性回归恰恰无法打破这种关系。多重共线性常见于观测性数据中,因此设置一个关于其的警告十分必要。我们需要对输入的数据进行更为详尽的分析,来尽可能地防止多重共线性[2]。

数据泄露

我们回到本章前面讨论的房屋售价预测模型。但是这次训练的数据不仅包括房屋的特征(大小、卧室数量等),还包括房屋首次报价。表 9.3 展示了简化版的数据。

表 9.3 房屋数据示例(简化版)

面积/平方英尺	卧室数量	卫生间数量	首次报价/美元	最终成交价格/美元
1500	2	1	190 000	200 000
2000	3	2	240 000	250 000
2500	4	3	300 000	300 000

如果在数据上运行模型,你会发现,房屋的首次报价对于最终成交价格有非常好的预测作用。这很好——你可以利用它来

① 如果两个输入是完全相关的,线性回归模型将无法计算,所以我们在这个例子中加入了一点噪声。

② 在统计学中,有一个完整的领域叫"实验设计",专门研究这个概念。

预测最终的成交价格。

进入模型的实际应用阶段后，你发现你根本没有办法利用首次报价来预测房屋的销售价格——因为房屋此时还没有成交。这就是一个真实的数据泄露案例。当一个输出变量的相关变量被混入输入变量中，就会造成这样的问题。

问题发生的原因就是没有考虑时间的因素，因为只有当房屋售出后我们才会知道最初的报价。

当我们在数据中遨游时，很容易忽略数据泄露的问题。更可悲的是，很多教材并没有涉及这一点，因为里面提及的数据集都是适合初学者的原始数据，而现实世界总是会存在数据泄露的可能。所以拥有数据头脑的你，必须要确保输入和输出不包含重叠的信息。

我们将在后续章节再次探讨数据泄露的问题。

推断失败

外推法顾名思义，是利用模型训练数据之外的数据进行推断和预测的方法。例如前面冰饮店的例子，温度是 0℉时，冰饮店的预测销售额是－71.07 美元。如果一栋房子没有面积，没有卫生间（也就是说根本不存在这个房子），按照模型，其最终预测销售价格为－1614841.60 美元。显然，这两种分析都是无稽之谈。

与人类不同，方程并没有识别错误的常识能力，所以模型的预测超出了它们"学习"的范围。数学方程并没有思考的能力。给它数字作为输入，它将会"吐出"一个数字作为输出。所以，你需要利用你的数据思维，判断是否有推断失败的状况发生。

必须强调的是，模型总是根据给定的数据进行预测。也就是说，不要使用不同背景下的数据来进行预测，尽管这个数据可能符合训练数据的范围。模型无法识别世界上发生的变化。

如果你在2007年的美国建立了一个房屋价格预测模型，那么在2008年住房市场崩溃后，你的模型表现将会非常糟糕。因为这个模型会用2007年的市场条件来推断2008年的情况，二者之间无疑是有巨大差异的。本书成书时，由于新型冠状病毒感染的大流行，产业界正在面临相似的问题。很多在新型冠状病毒感染之前的数据进行训练的模型都不再有效了。

非线性关系

线性关系并不能很好地模拟股票市场的表现。从历史上看，股票市场的变化是按指数增长的，而不是线性增长的。宝洁公司的统计部门曾提出过这样的建议："不要用一根直线拟合香蕉。"

有很多统计学工具可以将非线性数据转化为线性数据。要明白，线性回归并不是唯一的正确工具。

解释还是预测

本章一直在讨论回归模型的两个目标：关系解释和预测。线性回归模型可以做到这两点。线性回归模型的系数在合适的条件下可以提供解释性，这也是很多行业都会关注的地方。例如在临床试验中，科研人员需要精确地知道输入"药物剂量"与输出"血压"的对应关系。在这种情况下，需要非常小心地避免数据共线性和遗漏变量。

在机器学习等其他领域，可能目标就是预测。如果模型能很好地预测未来的输出，那么多重共线性可能就不是一个问题。当模型的目标是预测新输出时，注意力要放在避免过拟合上。

模型是现实世界的简化版本。一个好的模型能更有效地捕捉到输入与输出之间的关系，这是因为模型可以学习到一些潜在的现象。数据本身就是这种潜在现象的表达。

相反，过拟合点的模型往往很难捕捉到我们期待的关系，反而捕捉到了数据间的相互作用，而这更多是噪声或数据本身的变化。所以他的预测值并不是被建模的对象，而是使用的数据点而已。

过拟合的模型有效地记忆了所有的训练数据集，但很难被用于预测新的观测值。在图 9.4(a)中，你可以看到冰饮销售情况的线性回归模型，而图 9.4(b)则是一个复杂的模型，并且完美地预测了一些点。你想用哪个模型来做预测？

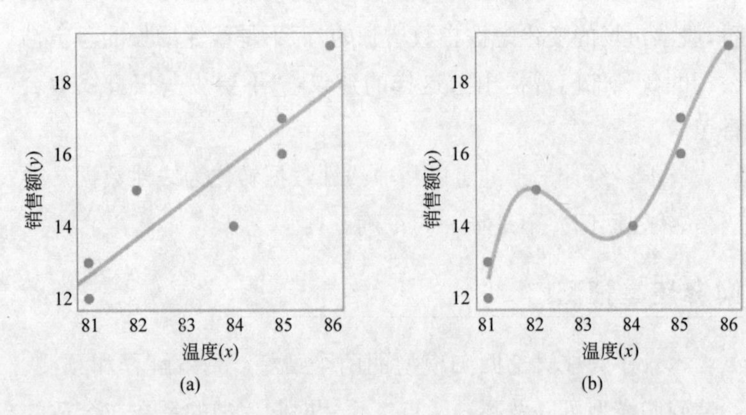

图 9.4　两个相反的模型结果。(a)模型拥有很好的泛化性，而(b)过拟合。(b)的模型很好地记忆了数据，但很难预测新的数据

将数据分成两部分可以有效防止过拟合现象的出现：用训练集来建立模型，用测试集来评估模型表现。测试集的数据并没有被模型学习过，所以可以用来评估模型的最终表现。

回归表现

在日常工作中，无论是多元线性回归模型还是其他更复杂

的模型，判断模型与数据匹配程度最好的方法就是使用实际值与预测值关系图（Actual vs. Predicted Plot）。有些人认为，当输入太多时，很难将回归的表现可视化。但请记住模型的作用：把输入（不论是一个还是多个）转换成输出。

因此，每一行数据都有实际值和预测值。把这些值画在散点图中，就能展示它们的关联性是否强，模型好坏一目了然。你的数据分析师可能会提供一些相关的指标（例如 R^2），但永远不要只看这些数字，记得要从实际值与预测值关系图中观察。图 9.5 展示了一个建立在住房数据上的模型。

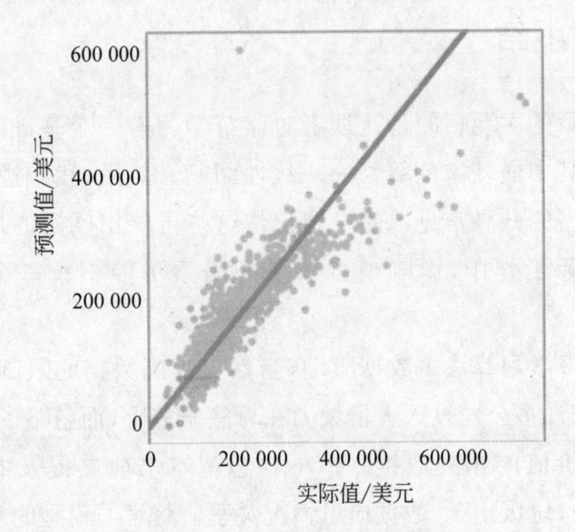

图 9.5　该模型对于高价值房屋的预测效果并不好。你能发现图中所示模型的其他问题吗？

9.5　其他回归模型

某天你可能看到线性回归的其他变种，称为 Lasso 回归和岭回归。它们在多输入变量（多重共线性）情况下，或变量数多于样本数时，会很有效。其结果类似多元回归。

与其他回归模型看起来完全不一样的是 k-近邻模型。k-近邻模型既可以解决分类问题，也可以很容易地应用于回归场景。例如，为了更好地预测房屋的售价，我们可以选择出最近出售的3套最邻近的房屋的平均销售价格，以其平均值作为房屋的售价预测。这就是使用 k-近邻模型解决回归问题的示例。

下一章将讨论这些既可以用于回归也可以用于分类的问题。

本章小结

本章的主要目的是让读者对监督学习有一个基础的了解，并熟悉其中最基本的算法——线性回归。然后，我们进一步探索了模型的几种常见风险。要记住这些可能出问题的地方，因为在实际工作中，影响模型效果的因素可能不止一个，而是多个。

监督学习算法由数据驱动，当然也受到数据的限制。我们看到，有许多公司投入大量精力在算法研究上，而忽略了如何收集更有价值的相关数据。请不要忘记本书前文提及的口号："垃圾进，垃圾出"。数据质量情况关乎监督学习模型的生命力。

到目前为止，我们可以告诉大家，如果你了解了本书讲述的无监督学习和监督学习，那么你就理解了机器学习的基本原理。相较于长篇大论，我们更希望通过简单的介绍，让你了解机器学习的主要组成部分——无监督学习和监督学习。

我们将在下一章中进一步讨论机器学习中的分类模型。

第 10 章

理解分类模型

一个机器学习算法走进一家酒吧。酒保问道："你要什么？"算法反问道："别人都喝什么？"

A machine learning algorithm walks into a bar. The bartender asks, "What'll you have?" The algorithm says, "What's everyone else having?"

—Chet Hasse,《安卓传奇：Android 缔造团队回忆录》作者上一章介绍了回归模型，我们也了解了监督学习的概念。回归模型允许模型通过对特征的学习来进行预测——例如销售额的例子。有时我们想要预测一个特定的结论——例如拥有某些特征的一类人是否会购买一本关于数据的书。事实上，如果你想了解企业如何预测用户是否会点击某条广告、是否会购买某个产品、是否会拖欠汽车贷款、能否获得一个面试机会、是否会患上一种疾病。那么本章将是一份很好的指南。上述提及的问题都有一个共同的特征——有一个分类变量（即标签），因此需要采取分类模型。

10.1 分类模型介绍

可以预测两种结果的分类模型称为二元分类；能够预测多种类别的模型称为多元分类[①]。预测某人是否会拖欠汽车贷款，这是二元分类（是或否），预测某人购买的汽车品牌，则是多元分类（如本田、丰田、福特等）。为了简单起见，我们将重点关注二元分类问题。其他分类问题可以看作二元分类的自然延伸。

分类模型的结果通常称为“正”和“负”。但科学一般是从正面的角度测试事物，因此应该把这里“正”和“负”分别理解为

---

① 注意不要将分类与聚类混淆。聚类中没有标签，所谓标签也是有分析师在事后分配的。分类问题则要从数据集中的标签开始。

“做”和“不做”，或“是”和“不是”，用以区分不同结果的观测行为，例如点击、购买、默认、患病及与其相反的结果。例如在预测选民的政党归属时，要明确哪些是“正”，哪些是“负”，避免发生混淆。在这里，“正”和“负”只是对应不同的党派标签，而不代表对任何一党的评论。作为数据达人，你需要明确团队中每个人的分类标准都与分类模型保持一致。

本章内容

本章我们将通过一个人力资源数据集的例子，学习以下分类模型：

- 逻辑回归；
- 决策树；
- 集成方法。

无论在大学课堂教学中还是各种主流编程语言的开发中，逻辑回归[①]和决策树都无疑是备受欢迎的算法，它们的易用性和可解释性使它们成为了解决某些问题的理想选择。然而就像其他所有算法一样，它们也有自身的缺陷。

我们还会介绍当今数据分析中一种时髦的算法——集成方法，这种算法目前在科学竞赛中备受关注[②]。

在本章的后半部分，我们将更为详尽地讨论数据泄露和过拟合。在本章末尾，我们将会讨论一个关于准确性的问题，因为对于准确性的理解，需要大量的数据经验才能体会到细微的差别。我们不希望看到其他人犯下的错误一次又一次重现。

---

① 正如你将学到的，逻辑回归是用来预测概率的。通过添加决策规则，它成为了一种分类算法。

② 澄清：决策树和书中介绍的集合方法都可以应用于回归问题。所以，如果你的数据集的输出是一个数字，就可以尝试一下。

分类问题初始化

假设每年夏天都有数百名大学生申请你们公司的数据科学实习岗位，如果每份简历都需要手工筛选，那将会是一项十分艰巨的任务。你能设计一个流程来将这个过程自动化吗？

幸运的是，针对这些候选人的信息以及他们最终是否收到面试邀约，公司都有大量的历史数据可供学习。所以，可以利用历史数据和逻辑回归等分类模型，开发一个针对性的预测模型。模型中，可以将平均分（GPA）、在校年份、专业、参加的课外活动数量等属性作为输入，将申请人是否得到面试机会作为输出。如果这个方法有效，就可以省去烦琐的手工简历筛查工作了。

你会如何解决这个问题？我们先从逻辑回归开始。

10.2 逻辑回归

首先仅使用 GPA 一个特征作为输入，回顾过去 10 份申请数据，分别用 1 和 0 代替“是”和“否”——因为计算机只理解数字。表 10.1 展示的数据总体趋势并不出人意料：GPA 更高的学生更有可能获得面试机会。

表 10.1 逻辑回归简单数据集：用 GPA 信息预测面试结果

序　号	GPA	是否得到面试机会	用 1/0 表示
1	2.00	否	0
2	2.20	否	0
3	2.50	否	0
4	2.80	是	1
5	2.85	否	0

续表

序号	GPA	是否得到面试机会	用 1/0 表示
6	3.50	是	1
7	3.60	否	0
8	3.70	是	1
9	3.80	是	1
10	4.00	是	1

如果你试图对这些数据进行线性回归，像第 9 章学到的那样，你会得到一个奇怪的结果。例如我们将表 10.1 中的数据输入软件，并生成回归模型。你会得到这样一个方程：

$$\text{offer}=0.5\times\text{GPA}-1.1$$

其中 offer 表示是否收到面试邀请(0 表示未收到，1 表示收到)，让我们仔细思考一下这个模型。一个 GPA 为 2.0 的候选人，offer＝0.5×2.0－1.1＝－0.1。同样，一个 GPA 为 4.0 的申请人模型输出为 0.9。但是在预测候选人收到面试邀请的背景下，－0.1 和 0.9 这两个数字究竟意味着什么？(提示：我们也不知道)

目前可以确定的是，GPA 确实对候选人最终能否获得面试机会有影响。GPA 为 2.0 的候选人有 4%的可能获得面试机会，而 GPA 为 4.0 的候选人有 92%的可能获得面试机会。这些都与将候选人分类相关。但要记住，概率必须落在 0～1 间，包括 0 和 1，这与回归模型不一样。回归模型是无界的，能够输出任意数值。所以，显而易见，线性回归模型并不是解决这个问题的正确选择。

因此，我们需要一种方法来约束 $y=mx+b$ 形式的输出，以确保输出的概率在适当的范围内。这正是逻辑回归解决的问题，它将数字进行“压缩”，以确定模型输出总在 0~1 之间，给用户一个属于“正”类的概率(在这个例子中就是获得面试机会)。

请看逻辑回归的方程：

$$\text{分类的预测概率 } x=\frac{1}{1+\mathrm{e}^{-(mx+b)}} \tag{10.1}$$

是不是觉得公式中的 $mx+b$ 部分看起来十分眼熟？是的，这正是线性回归的公式。现在它又被嵌入这个方程中，称为逻辑函数(因此这种回归称为逻辑回归)。逻辑函数可以确保表示结果的数字是一个概率。

让我们通过一些图标来更清楚地说明这个问题。图 10.1 是 3 个散点图(与第 9 章类似，用相似的数据绘制了“最佳拟合线”)。3 张图分别反映了式(10.1)中 m 和 b 的不同输入带来的不同图形。回顾线性回归中，调整 m 和 b 的值，可以完美地减少平方和误差，确定一条完美的曲线。但我们已经确定，线性回归的直线并不能很好地适配现在的数据。式(10.1)将会不管 m 和 b 任何取值，都会生成一条介于 0 和 1 之间的 S 形曲线。我们从图 10.1(a)和图 10.1(b)开始识别模型的弱点。图 10.1(a)的模型(虚线)过度地预测 GPA 与面试的关系，对于 GPA 为 3.5 的被拒绝候选人则未能准确预测。图 10.1(b)中，该模型也给低 GPA 的学生提供了一个不太合理的低概率，那个 GPA 为 2.8 的学生在本模型预测下获得面试机会的概率基本为零，但实际上却被邀请参加了面试。图 10.1(c)中的模型显示了最佳的平衡，这是逻辑回归算法的输出，在图 10.1(a)和图 10.1(b)之间取得了良好的平衡。事实证明，对于已知的数据而言，这是数学上最佳的解决方案。这个结果的逻辑回归公式如下：

$$\text{给定 GPA 获得面试机会的概率}=\frac{1}{1+\mathrm{e}^{-(2.9\times\mathrm{GPA}-9.0)}} \tag{10.2}$$

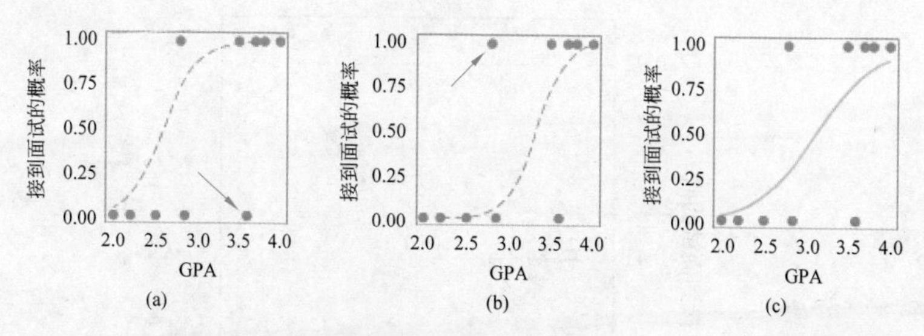

图 10.1 利用不同的回归模型对数据进行拟合，图 10.1(c)模型效果最好

逻辑回归减少了所谓的逻辑损失。逻辑回归是一种衡量预测概率与实际标签接近程度的方式。虽然线性回归与逻辑回归采用不同的方法，但它们都遵循相同的统计原则——使模型所有的预测值在总体上尽可能地接近实际值。

逻辑回归：那又怎样？

逻辑回归有两个好处：通过逻辑回归，我们得到了一个可以根据数据预测的公式；并且该公式的系数解释了输入和输出之间的关系。

下面是一个具体应用，图 10.2 显示，从逻辑回归模型中可以得出，GPA 为 2.0 的学生获得面试机会的概率只有 4%，但如果申请人将 GPA 从 2.0 提高到 3.0，那么获得面试机会的概率将从 4%提高到 41%，二者相差 37%。但从 3.0 提升到 4.0，同样是增加一个单位，获得面试机会的概率将从 41% 提升至 92%。这时二者的差异足足有 51%！注意：在逻辑回归模型中，额外增加的 GPA 对概率的影响并不是恒定的。这是逻辑回归与线性回归的又一处不同：线性回归中，无论起始值是多少，每增加一个输入单位，对输出的影响都是一致的。

从上面的例子中可以了解到，逻辑回归本身并不能告诉你是否应该向某人发出面试邀请。相反，它提供了一个发出邀请

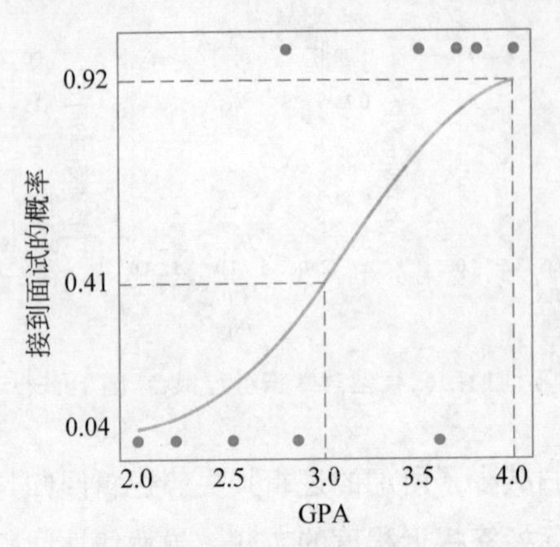

图 10.2　将逻辑回归模型应用到 GPA＝2,3 和 4 的情况

的概率。如果你想应用逻辑回归进行自动化决策,那么你需要设置一个**临界点**,也叫**决策规则**。临界点的选取将会影响你学到的内容。如果将临界点设置为 90%,也就是说,按照先前的经验,你只想关注那些有 90% 的概率获取面试邀请的人的 GPA,那么你只会发出少量的面试通知。但如果你想要看到那些有 60%机会获取面试邀请的候选人,那么临界值的设置将需要更多人工参与,例如请专家评估。

正如前面讨论的,任何回归函数的系数都能表明输入和输出之间的关系。在这个例子中,显然 GPA 的系数 2.9 说明了较高的 GPA 可以提高一个人收到面试通知的机会,这并不意外。但在研究使用某些生物标志指标来预测一个人是否会患癌症时,影响就十分重大了。

逻辑回归的注意事项

逻辑回归也继承了线性模型中的问题和疑惑,特别是以下几点。

(1) 遗漏的变量。算法不能学习不存在的数据。

(2) 多重共线性。相关的输入特征将会大面积扰乱对模型系数的解释,有时甚至会将系数从正数变为负数(反之亦然)。

(3) 过度推测。逻辑回归的过度推测问题要比线性回归少一些,毕竟输出的范围永远不会超出0和1。但也不要盲目自信——超出数据范围进行预测可能会导致概率的过度输出,因为这些预测可能更加接近于1。

可以确定的是,逻辑回归中还有更多需要避免的误区,本章的末尾将再次讨论这些问题。

10.3 决策树

有些人对逻辑回归中的数学运算感到厌烦或恐惧。此外,并不是每个输入和输出之间都符合形如 $y=mx+b$ 的线性模式。下面介绍另一种算法:决策树。决策树将数据集分割成多个部分,并且像流程图一样逐步指导你进行预测,十分便于理解和可视化。

以表10.2中的数据集为例。你可以在其中看到10个学生样本的数据(这个表格实际上更长,包含300人的数据),他们已经提交申请并获得了面试机会。你并没有把GPA作为面试过程的唯一输入,而是决定通过对所有特征进行分析,来确认面试机会的发放究竟依赖哪些条件。注意,在这个数据集中,有120名学生(40%)获得了面试机会。

表 10.2　人力资源部门实习生数据集的快照

序号	GPA	年级	专业	课外活动数量	是否收到面试
1	3.41	1	计算机科学	1	否
2	3.33	3	经济学	2	否
3	2.96	3	计算机科学	5	是
4	3.28	2	统计学	4	是
5	2.78	2	计算机科学	3	否
6	3.01	4	经济学	0	否
7	2.56	3	统计学	2	否
8	2.72	3	计算机科学	4	是
9	2.00	3	统计学	2	否
10	2.42	1	商学	3	否
⋮	⋮	⋮	⋮	⋮	⋮

如果你想利用这些特征来分析获得录用的标准，你可能会推理出一些规则：高 GPA 的学生参加了课外活动，将会有更多的机会获得面试机会。但 GPA 值是多少才算高呢？用哪一个固定的值来“分割”这些学生呢？3.0 吗？还是 3.5？你又将如何证明你的决策？所以这就是我们的问题——让数据实现自我探索并生成规则是一项十分艰巨的任务。幸运的是，决策树算法可以完成这项工作。它可以通过对输入特征进行分析，以最合适的方式将获得面试机会的学生与未获得面试机会的学生分开。然后它找到下一个特征，在更细的层次上对二者进行区分，如此循环往复。

我们通过一个称为 CART（Classification and Regression Trees）的决策树算法训练已有的数据集，并形成了图 10.3 所示的决策树。其实它更像是由决策“节点”“分支”“叶子”节点组成的一棵倒置的树,其最终的预测值是由叶子节点决定的。让我们用一个例子来遍历这棵决策树,看看它是如何使用的。

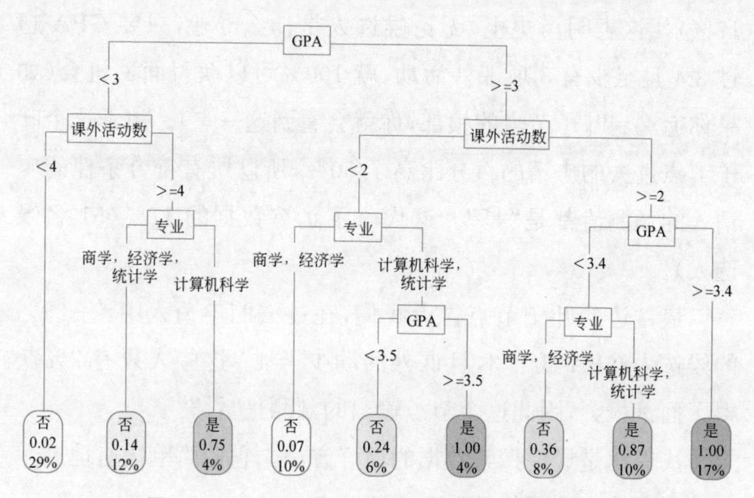

图 10.3 人力资源实习生数据集的简易决策树

现在,假设我们的候选人艾伦,大二,GPA 为 3.6,主修计算机科学,参加了 1 个运动俱乐部。所以她的数据编码为{GPA=3.6,Year=2,Major=计算机科学,Num_EC=1},其中 Num_EC 表示参加课外活动的数量。

图 10.3 的顶部是根节点,它展示的是数据的最佳分割特征:GPA。艾伦的 GPA 是 3.6,所以她进入右侧分支。下一个决策节点是参加课外活动的数量,她的 Num_EC 是 1,所以她进入左侧的分支。下一个决策节点是专业,计算机科学专业向右移动后,再次进入 GPA 分支。艾伦的 GPA 至少是 3.5,所以你会得到结论,艾伦将会获得面试机会。

注意这棵树之中的输入特征是如何互相作用的。“没有参加很多课外活动”这一劣势将会被“计算机科学或统计学专业获得高 GPA”的优势所抵消。

图 10.3 最底部叶子节点中的数字总结了决策树是如何分割训练数据的。最右边的节点有三个数据点：{是，1.00，17%}。这表明历史上，无论候选人是什么专业，只要 GPA 超过 3.4 且至少有 3 项课外活动，就 100%可以获得面试机会（如果你追溯到叶子节点的根部，你就会看到这一点）。由于这个叶子节点过去的申请的百分比高于 50%，所以所有符合条件的申请人的预测值都是“是”。这代表了训练数据的 17%（51 名候选人）。

最左边的叶子节点告诉我们，在过去的申请人中，有 29%的候选人 GPA 低于 3，且课外活动少于 4。这些人只有 2%获得了面试机会，因此这个节点输出的预测是“否”①。

决策树是显性探索数据的最好方法。它们简单快速地展示了输入和输出之间的关系。

然而，单单一棵决策树很难独自帮你完成预测。想想看，一棵如图 10.3 所示的决策树会如何将你“引入歧途”。极端情况下，这棵决策树将会持续生长，直到每个申请人都拥有一棵属于自己的叶子，即获得一系列能完美表示训练数据中 300 个候选人的规则。在这种情况下，如果下一组候选人跟这 300 个学生的条件一模一样，那么你的树就是完美的。但是常识告诉我们这是不可能的，新的申请者一定会和过往数据有一些不同。所以，过度拟合的决策树将会非常自信地做出错误的决策。

事实上，单一的决策树很容易过拟合——也就是说，相比现实世界的数据，模型更适配训练的数据集。解决这个问题的方法之一称为“剪枝”，但单一的决策树仍然对训练数据十分敏感。

---

① 我们使用开源（免费）统计软件 R 中的 rpart 和 rpart.plot 包，生成并可视化了这棵树。但是，并非所有你看到的决策树都会展示如此多的细节。

如果从数据中抽取100个候选人建立一棵新的决策树，很可能会产生不同的决策节点和分割值。例如，根节点的可能在GPA为3.2而不是3.0时分裂。

那么，如何利用决策树解决这些问题呢？让我们进入下一节的学习，了解集成方法。

10.4 集成方法

集成方法之所以称为集成方法，是因为它们代表了运行数十种甚至上千种算法产生的不同结果的组合。这种算法在数据科学家中很受欢迎，因为它们能够在细微的层面上做出有意义的预测。

尤其是其中的两种算法，随机森林和梯度提升树，都成为了数据科学家的心头好。这两种算法常常为Kaggle平台上数据科学竞赛的获奖团队所使用，公司会在Kaggle平台发布数据集，并用丰厚的奖金吸引数据科学家们建立最准确的模型来解决企业问题。本节将给这些复杂的算法做一个简单、直观的解构。

随机森林

只要你随便找两个有经验的面试官，就会发现——每个面试官都会根据过往经验和候选人类型总结出一套自己的规则。这也是为什么在很多公司，招聘过程需要一个团队来协作——通过几个员工的评估来达成共识，从而平衡决策中任何的明显偏差。

随机森林相当于基于上述想法的决策树。随机森林算法采用随机的样本建立一棵决策树，并将这个过程重复几百次。其

结果是由多棵对数据进行独立评估的决策树组成的“森林”，最后的预测是对树结果的多数票的共识（随机森林也可以预测分类问题的概率或回归问题中的连续数字的平均值）。

图 10.4 展示了我们森林中的 4 棵树。仔细观察就可以发现随机森林的另一个特点。其中两棵树以 GPA 作为第一个分割点，另一棵树则是以专业作为第一个分割点，最后一棵树是以课外活动的数量作为第一个分割点。这其实是经过设计的——随机森林不仅随机选择那些观测值（行）来建立一棵树，还会随机选择特征（列）。这就使得森林中不同的树有了关联，允许每棵树在数据中寻找相互作用关系。否则，这些树只会让人发现冗余的信息。

梯度提升树

梯度提升树采取了一种完全不同的方法。随机森林并行地创建了上百棵单独的树，并在最后对输出进行平均。而梯度提升则是按照顺序建立树。

梯度提升树算法下的人力资源问题相当于让多个面试官依次在门外排队，对候选人进行连续的面试。每个面试官都会进入房间，询问候选人一到两个问题，然后离开房间，并告诉下一个面试官：“到目前为止，我会选择雇佣这个候选人，但我们需要在这些方面询问更多的试探性问题”，如此循环下去。面试官所说的结果只是一个建议，并在小组内进行调整，而不是将许多单独的建议汇总成一个。

梯度提升树通常是从建立所谓“浅层树”开始的——即一棵只有很少分支和节点的树。浅层树的本质是“幼稚”的——它是第一次迭代，尚不能很好地将数据集正确分类。下一次迭代中，新的树需要建立在第一棵浅层树的错误上，并且在错误较大的

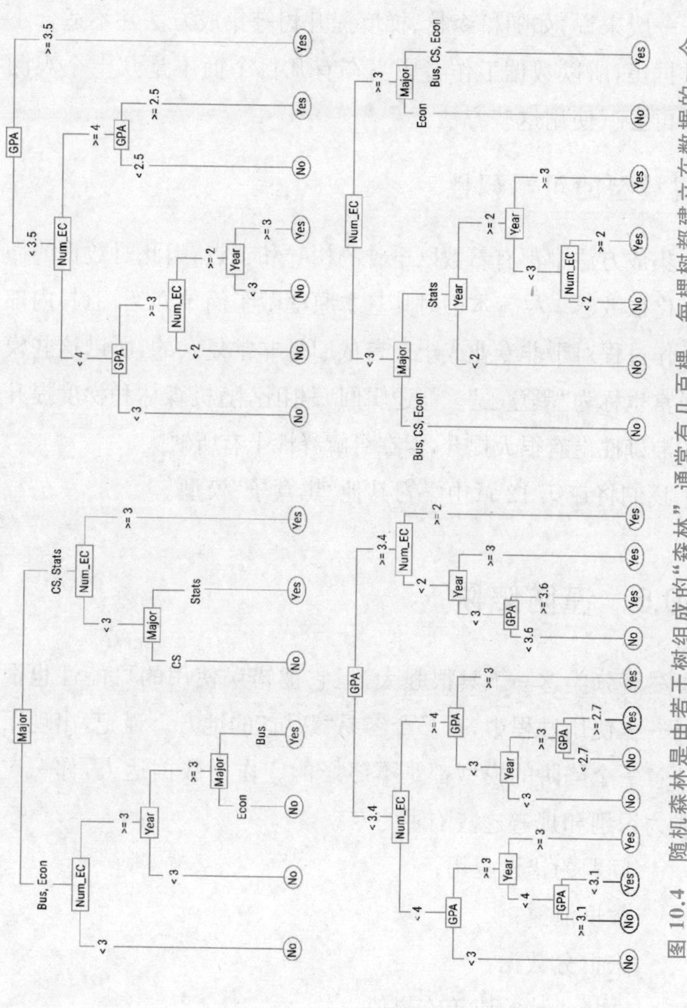

图 10.4　随机森林是由若干树组成的"森林"，通常有几百棵。每棵树都建立在数据的一个随机子集上。最终的预测值是森林中所有树的"共识"

观察值上进行比较大的提升(这就是梯度的作用)。持续这个过程,在较大的数据集上需要运行数千次,最终创建出一个梯度提升模型。

一般来说,如随机森林、梯度提升树等集成方法并不适合小型数据集,所以数据工作者应当在有几百个而不是几十个观测值时再尝试使用这些方法。

集成模型的可解释性

集成方法中都有着数以千计的树叶和节点,因此对数据的微小变化很敏感。尽管本书对其基本原理做了简单介绍,但其内部的工作过程对于非专业人士而言依旧是非常复杂的,所以这些模型通常也称为"黑盒子"。与逻辑回归相比,随机森林和梯度提升树在准确性上有很大提升,但在可解释性上有所缺失。

我们将在第 12 章中学习其他"黑盒子"模型。

10.5 谨防陷阱

尽管分类这一工具很强大,但它被错误使用的可能性也很大——在使用过程中,有多个容易"踩坑"的地方。谨记,出现下面任意一个陷阱的模型都是不够好的。作为数据达人,你一定要成为识别和规避这些陷阱的专家:

- 问题的错误应用;
- 数据泄露;
- 未拆分数据;
- 选择正确的决策临界值;
- 准确性的误解。

本节将简述前 4 点,"准确性的误解"将在 10.6 节中进行讲解。

问题的错误应用

如果你试图预测一个分类值，那么不应该使用线性回归。例如在表 10.1 的例子中，将“是”和“否”分别改为 1 和 0，这个值的设定便于设置逻辑回归问题。

然而，如果你错误地应用线性回归，你使用的统计软件并不会纠正你，因为它并不知道 1 和 0 意味着“是”和“否”。这样的情况经常发生，所以作为数据达人，遇到这种问题时，应及时纠正。

数据泄露

如果你急于为实习生面试录用建立分类模型，因此抓取了所有的实习生申请数据，包括他们最终是否收到面试机会（0 代表“否”，1 代表“是”）。然后你应用逻辑回归模型，预测他们是否收到面试机会。

请思考，使用“是否收到面试机会”这个属性有什么问题吗？

“是否收到面试机会”表示候选人在面试结束后是否有机会获得了一个全职职位（这里是数据的泄露）。只有收到面试机会（这是需要预测的）才会有“收到面试机会＝1”的输入。所以如果“收到面试机会＝1”，那么收到面试机会也一定要等于 1。因此，这个模型注定是无用的，因为它们使用了预测时无法获得的数据。

未拆分数据

如果你不把数据集拆分成训练集和测试集，那么你有很大的概率造成结果过拟合。过拟合得到的所有的数据将可能在新数据预测上表现糟糕。按照惯例，建议利用数据集中 80％的数据进行学习和训练，在另外20%的数据上测试模型性能。

Facebook公司的首席人工智能科学家杨立昆（Yann LeCun）曾说："'在训练集上测试'是机器学习中的大忌，是你有可能犯下的最大罪过。"所以，要确保使用模型没有"见过"的数据进行测试。当你的模型表现出接近完美的预测时，很可能你的模型实际上过拟合了数据。

选择正确的决策临界值

大多数的分类模型并不直接输出标签——它们只输出属于"正类"的概率。还记得GPA为2.0的学生有4%的机会获得录取，而GPA为3.0的学生却有41%的例子吗？在制定决策规则之前，这样的操作并不可行。

这就是我们需要切入的地方。临界值的选择是由人决定的，而非机器。很多软件都会把0.5或50%作为默认的分界线，但默认值并不能解决所有问题。

不要轻视这个决策临界值。设一个模型能够预测某人是否应该在邮件中收到信用卡，这样一个模型可能会有一个较低的临界值(现实生活中好像也确实如此)。设另一个模型可以预测某人是否应该接受昂贵的治疗，那么这个模型可能需要一个较高的临界值。这些都是你必须要结合实际业务问题考虑的因素。

现在让我们来谈谈分类的准确性，以及"准确性"一词具体和意味着什么。

10.6 准确性的误解

当你和公司其他同事被要求建立、部署和维护分类模型，来实现决策自动化时，你必须要知道如何对这些模型进行评估和判断。

你的首要工作是暂停下来，首先评估一下历史数据。开始部署模型之前，需要明确测试标准，这一步骤称为建立“控制”。无论任何分类模型，测试标准都应该被明确。在二分类模型中，这很容易：你只需要确定数据集中多数类别的比例。在候选人数据集中，多数类别是“否”，因为60%的申请者没有被录用，只有40%被录用。

现在假设你的团队中有人在全部数据的80%（即训练集）上应用XGBoost（一种梯度增强树算法），在剩下的20%上（测试集），分类模型预测结果的正确率有60%。这听起来可能不错，因为比50%的概率更好——你可能会想，任何比随机抛硬币更高的概率都有可能带来长期有利的预期价值。

然而事实上，这个结果表明数据集的特征与输出结果没有任何关系。为什么呢？在原始数据集中，即使不考虑任何输入，只做最简单的预测多数类别（“否”），也能够保证60%的正确率。也就是说，XGBoost并没有起到任何作用。从某种意义上说，60%的准确度指标是不够准确的，因为它并没有比对照组做得更好。

现在考虑那些不经常发生的事件。例如，网络平台上的广告可能被成千上万次地投放，却只有寥寥数人点击。这种数据就是**不平衡**的，因为训练数据主要由一个多数类别组成（例如，相比于“点击”，更多的是“未点击”）。如果99.5%的人没有点击广告，我们可以简单地认为“没有人会点击广告”这一预测在99.5%的情况下是准确的。

正因如此，我们不应该仅通过准确性来衡量机器学习算法的性能。衡量模型的性能可以采用一些更好的方法，例如混淆矩阵。

混淆矩阵

混淆矩阵(confusion matrix)是一种将分类模型的结果和特定决策临界值可视化的方法。想象一下,我们利用一个随机森林在候选人数据集上的80%(240名候选人)数据进行训练,然后在剩下的20%(60名候选人)数据上测试该模型,衡量模型表现。表10.3中的混淆矩阵显示了使用默认的0.5临界值时的结果。请注意,所有值加起来的结果是60——即测试集中的观测值。在测试集中,有23名候选人获得了面试通知,37人未收到。算法对这些数据的分类效果如何?

混淆矩阵含有多个评估模型的性能的指标,准确性只是其中之一。

准确率=正确率=(36+19)/60≈91.7%

但准确率往往并不是你真正关心的,特别是它容易受到不平衡数据的影响。因此在大多数应用中,我们更需要关注算法对于真阳性和真阴性的预测如何。换言之,分类器是否找到了你希望它找到的案例(真阳性)?以及是否忽略了它应该忽略的观察结果(真阴性)?

表10.3　临界值为0.5的分类预测模型的混淆矩阵

		实际值	
		是	否
预测值	是	19	1
	否	4	36

真阳率(True Positive Rate,又称“敏感率”或“召回率”)= 进入面试的人数除以应该进入面试的申请人数量=19/(19+4)≈83%。如果可以,你希望这个比例接近100%。

真阴率(True Negative Rate,又称"特异性")=被拒绝面试的人数除以应该被拒绝的申请人数量=36/(36+1)≈97%。如果可以,你希望这个比例接近100%。

回顾之前,生成混淆矩阵的默认临界值通常是0.5。如果我们将临界值提高到0.75,那么就有了一个更高的门槛,这将改变混淆矩阵。新的混淆矩阵如表10.4所示。

请留意矩阵中哪里发生了变化。

真阳率=进入面试的人数除以应进入面试的申请人数量=12/(12 + 11)≈52%。

真阴率=被拒绝面试的人数除以应该被拒绝的申请人数量=37/37=100%。

表 10.4 临界值为 0.75 的分类预测模型的混淆矩阵

		实际值	
		是	否
预测值	是	12	0
	否	11	37

提高临界值在降低真阳率的同时也增加了真阴率。较高的临界值可以完美地拒绝不应该接到面试的候选人,但代价是也拒绝了一些本该进入面试的候选人。

综上,在定义临界值时,需要在各种指标之间权衡。归根结底,正确的临界值需要相关领域的专业知识进行判断。作为数据达人的你,一定可以找到适合你所需场景的最佳临界值。

混淆矩阵的"混乱"术语

真阳率和真阴率是可以从混淆矩阵中轻松得到的指标。

统计学家和医生将真阳率称为“敏感度”，而数据科学家和机器学习工程师可能将其称为“召回率”。不同领域的人员使用不同的术语来描述这些相同的指标。

本章小结

本章我们学习了逻辑回归、决策树和集成方法，我们还介绍了使用分类模型时容易遇到的诸多陷阱，具体包括：

- 问题的错误应用；
- 数据泄露；
- 未拆分数据；
- 选择正确的决策临界值；
- 准确性的误解。

在涉及对数据准确性的理解时，我们介绍了混淆矩阵的概念，以及如何利用混淆矩阵更好地理解模型的性能。下一章，我们将进入非结构化数据的世界，深入理解文本分析。

第 11 章

理解文本分析

寻求成功，但同样要备足蔬菜。

Seek success but prepare for vegetables.

——InspireBot，一个人工智能机器人，
“无限量正能量鸡汤生成者”

前面几章我们讨论的内容都是基于对数据的理解。对多数人而言，数据集是由行和列组成的表格，也就是结构优化的数据。然而事实上，我们日常处理的数据绝大多数都是非结构化的，它们广泛存在于我们在生活中阅读的各种文本中，可以是电子邮件、新闻文章、社交媒体帖子、购物网站的产品评论、维基百科的每一段文字中。你手里捧着的这本书也是如此。

目前有非常成熟的分析技术来分析文本数据，我们将其稍加处理，组织成本章的内容，从而让读者对文本分析技术有一个直观的认识。

11.1 文本分析的期望

在开始我们的研究之前，我们先来明确一下预期。多年以来，文本分析已经得到了广泛而有效的应用。其中一个比较成熟的例子是情感分析，即识别社交媒体帖子、评论或投诉背后的积极或消极情绪。但正如你看到的，文本分析并不是那么容易完成的工作。在本章结束时，你会了解为什么有的公司可以成功地使用文本分析技术，而很多公司则还有很长的路要走。

许多人可能对于计算机和人类语言有先入为主的观念，这无疑是受到了 IBM 的 Watson 计算机在 2011 年的节目 *Jeoprady* 和近期流行的语音识别系统的影响（语音识别系统就如 Siri、小度、小爱同学等）。例如，翻译软件已经基本达到了人类的水平，而这都是机器学习，尤其是监督学习的功劳。这些应用被认为是计算机科学、语言学和机器学习的杰出成就。

这也是为什么我们发现，当企业开始分析自己的文本数据的时候，他们会有非常大的期待：毕竟客户评论、调查结果、医疗记录等文本都存储在企业的数据库之中。如果可以将世界各地的客户用母语书写的评论翻译成 100 多种语言中的一种，那么一定可以筛选出你企业的成千上万条有效的客户评论，并确定你公司最紧迫的问题，对吗？

也许吧。

尽管文本分析技术确实可以解决很多很困难的问题，例如文本和语音翻译，但在另一些更困难的任务上往往会失败。根据我们的经验，公司分析自己的文本数据时，往往会对结果感到失望和沮丧。简而言之，文本分析比我们想象得更难。因此，数据达人的基本素养是调整好期望。

所以，本章将会介绍文本分析的基本知识，也就是如何从原始文本中提取有用的见解[①]。更明确地说，我们将从文本分析这一新兴领域的表面入手，通过不断的信息收集，让你感受到文本分析的可能性与挑战，并学会用工具来辅助判断哪些信息有用，哪些没用。就像其他知识一样，在这一领域你学得越多，越会有清晰的认识，也会让你保持数据达人的怀疑态度。

接下来，我们将讨论如何从非结构化的文本数据中获得结构内容，以及我们可以在做哪些种类的分析，最后我们将会重新审视为什么大型科技公司可以在他们的文本上取得梦幻般的进展，而其他公司还在苦苦挣扎。

---

① 也许你曾听说过“文本挖掘”。

11.2 文本如何变成数字

我们阅读文本时，可以感受到情绪、讽刺、暗示、细微的差别和意义。这些感觉在很多时候甚至是难以言表的：那些唤醒记忆的诗句，那些让人开怀的笑话……

但计算机并不能理解这些含义。与情感细腻的人类不同，计算机只能读写数字。只有将大量非结构化的文本数据转化为你所熟悉的数据集，计算机才能进行分析。将非结构化，甚至可能是混乱的，具有各种拼写错误、俚语、表情符号或缩略语的文本转化为整齐的带有行和列的结构化数据集——这一过程对于公司领导和数据工作者而言将是一个主观、耗时的过程。有几种不同的方法可以完成这项工作，下面介绍三种。

词袋法

最基本的将文本转化为数字的方法是创造一个**词袋模型**。在词袋中，文本中的词序和语法将会被忽略，一句话被拼凑成“一袋”词组。这时，你可以将句子“This sentence is a big bag of words”(这句话是一袋词组)转化为一个集合，这一集合称为**文档**。文档中的每个单词是一个标识符，而单词的数量则是一个特征。由于词序并不重要，因此我们按照标字母的顺序对袋子进行排序。[①]

{a：1，bag：1，big：1，is：1，of：1，sentence：1，this：1，words：1}

---

① 译者注：本章的文本分析均针对英语举例，中文的自然语言处理与英语仍有不小的差异，为方便大家更好地理解自然语言处理技术，本章包含的举例将仍通过英语展开。

每个标识符都被称为一个标记，文档中所有标记的集合则称为词典(dictionary)。

显然，每个文本数据都会包含不止一个文档，所以词袋可能变得非常大。每一个独特的单词都可能成为新的标记。下面是每行包含一个句子(或客户评论、产品评论)的文本样例。

原始的文本数据

- This sentence is a big bag of words.（这句话是一袋单词。）
- This is a big bag of groceries.（这是一大包杂货。）
- Your sentence is two years.（你的刑期是两年。）

词袋的表示方法如表 11.1 所示，表中的数字表示句子中对应单词出现的次数。

表 11.1　将文本转化为词袋数据

原文本	a	bag	big	groceries	is	of	sentence	this	two	words	years	your
This sentence is a big bag of words.	1	1	1	0	1	1	1	1	0	1	0	0
This is a big bag of groceries.	1	1	1	1	1	1	0	1	0	0	0	0
Your sentence is two years.	0	0	0	0	1	0	1	0	1	0	1	1

我们将表 11.1 这种每行一个文档、每列一个术语的表格称为文档-术语矩阵。如其所示，你会发现进行基本的文本分析易如反掌。对每个词出现的次数进行汇总统计(显然，这里“is”是

最流行的词），找出含标记最多的句子（这里为第 1 句）。虽然这个例子稍显枯燥，但这正是对文档进行统计分析的基础。

关于词云的简单思考

在继续学习之前，我们先来浅谈一下词云。词云通常是人们对文本分析的初体验。图 11.1 显示了本章英文原文的词云图，通过“云”的大小，我们可以刻画各个词在词典中出现的频率，从而呈现通俗易懂的视觉效果①。

图 11.1　本章内容的词云

你从图 11.1 中学到了什么有用的内容吗？可能并没有。尽管词云是非常好的营销素材，但我们既不喜欢，也不

① 词云由 wordclouds.com 生成。

推荐。甚至作为可视化工具来讲，对于词云面积大小的解释也比单纯长度的解释复杂得多。例如，我们可以通过柱状图显示词汇出现的频率，每个词都可以作为条形图中的某个类别存在。

我们相信你也注意到了表11.1和词云图的一些缺点。以表11.1为例，随着更多文档的加入，表的列数将会急剧增加，因为你必须为每个新的标记添加一个新的列。这样，表就会变得非常稀疏，充满了零，因为每个单独的句子只包含词典中的少数几个词。

解决这个问题标准的做法是删除常见的填充词，如英文中的the，of，a，is，an，this等。这些词无论存在与否都并不会更改句子的含义，这些词也称为停顿词。还有一些方法也很常见，例如去掉标点和数字；把所有内容转换为小写字母；对单词进行词干处理（去掉后缀），例如把grocery和groceries这样单复数形式不同的单词映射到同一个词干groceri，或者将reading，read和reads都映射到read。比词干处理方法更高级的方法称为词根法，例如可以将good，better和best都映射到词根good。在这个意义上，词根法更加"聪明"，但也需要更长的时间来处理。

像这样的小调整就可以大幅减少词典的大小，并使得分析变得更加简单。图11.2显示了句子在这个过程中是如何变化的。

在你看到图11.2中的方法后，就一定不难理解为什么文本分析难度如此之大了。将文本转化为数据的过程就是过滤掉情感、背景和词序的过程。如果你怀疑这将会对后续的分析产生

从文档到词袋模型	文档处理步骤
You are reading a short, simple sentence with 10 words!	转化为小写，去掉标点
you are reading a short simple sentence with 10 words	移除停顿词和数字
reading short simple sentence words	提取词干
read short simple sentence word	对每个标记进行计数
read:1, sentence:1, short:1, simple:1, word:1	得出最终结果

图 11.2　将文档转换为词袋模型的方法

影响，那么你是对的。并且我们很幸运地发现这些文档里面没有拼写错误，因为拼写错误对数据工作者而言是一个额外的挑战。

词袋法是数据工作者在文本分析中学到的第一课，我们很容易在各种免费软件中找到它并上手使用。但是，词袋法会对以下两个截然相反的句子提供相同的数字编码。

(1) Jordan loves hotdogs but hates hamburgers.（乔丹喜欢热狗，但讨厌汉堡）

(2) Jordan hates hotdogs but loves hamburgers.（乔丹讨厌热狗，但喜欢汉堡）

尽管人类可以一眼认出这两个句子之间的区别，但词袋法显然无法理解这一点。词袋法尽管简单，在某些场景却能提供莫大的帮助，我们将在本章后面的内容中强调这一点。

N-词元法

显然，在关于乔丹和热狗的例子中，词袋法的表现让人大失所望。对于“喜欢热狗”和“讨厌热狗”两个截然相反的含义，词袋法却缺乏对上下文和词序的考虑。在这样的情况下，*N*-词元法是一个很好的工具。*N*-词元法是一个由 *N* 个连续的词元组成的序列。所以，“Jordan loves hotdogs but hates hamburgers”

这句话的 2-词元法[①]就是{but hates：1，hates hamburgers：1，hotdogs but：1，Jordan loves：1，loves hotdogs：1}。

这是一种词袋法的延伸算法，通过增加上下文的方式，识别由相同词语组成，但排列方式不同的句子。将更长的词语组合添加到词袋中会进一步增加文档-术语矩阵的大小和稀疏程度，这一做法很常见，这也意味着你需要存储一个更大更宽的表，包含的信息却相对更少。我们在表 11.1 中增加了一些更大的词语组合，形成了表 11.2。

是否要过滤掉包含停顿词的二元词组？这个问题存在较大争议，因为这可能会带来上下文的缺失。例如，“my”(我的)和“your”(你的)在很多软件中都被认为是停顿词，如果这些词被删掉，那么“my preference”(我的偏好)和“your preference”(你的偏好)的真实含义就会被隐藏。因此，这样的问题是数据工作者必须斟酌的。通过这个例子，你是否能初步理解文本分析的难点了？

如果前期工作准备就绪，那么简单的统计学对文本分析也能起到非常大的帮助作用。网站 Tripadvisor.com 就使用这些方法，让用户能够快速搜索到评论中最常出现的词语或短语。你可能会在本地牛排馆的评论区发现类似“baked potato”(烤土豆)或“prepared perfectly”(准备得很完美)这样的二元词组。

① 译者注：2-词元法(2-grams)在英文中更正式的表述方式，即 bigram，中文译为二词元法。本书中，二者表示同一含义。

表 11.2 词袋模型的延伸（实际的矩阵非常之宽）

a	bag	big	groceries	is	of	sentence	this	two	words	years	your	a big	big bag	is a	sentence is	this sentence	of groceries	this is	bag of	…
1	1	1	0	1	1	1	1	0	1	0	0	1	1	1	1	1	0	0	1	…
1	1	1	1	1	1	0	1	0	0	0	0	1	1	1	0	0	1	1	1	…
0	0	0	0	1	0	1	0	1	0	1	1	0	0	0	1	0	0	0	0	…

词向量

通过词袋和 N-词元法，我们可以辨别文档之间的相似性：如果多个文档包含相似的词组或 N 元词组，那么，我们可以认为这些句子是相关的（但不要忘记上文提到的乔丹对热狗的爱恨情仇）。这些文档在文档-术语矩阵中将以相似的列的形式存在。

但如果相似的不是文档，而是词典中的词，我们又会得出什么结论？

2013 年，谷歌通过对其海量新闻数据库中数十亿个词对（词对即为句子中彼此接近的两个词）进行分析，分析词对出现的频率，例如（delicious 美味的，beef 牛肉）和（delicious 美味的，pork 猪肉）比（delicious 美味的，cow 牛）和（delicious 美味的，pig 猪）出现的次数更多。由此就可以生成所谓的**词向量**，即一种以向量形式表示的词。进一步说，如果"牛肉"和"猪肉"经常与"美味"这一词同时出现，那么在数学上，我们认为这些词与表征"美味"相关的向量中的某个元素相似，也就是我们人类口中的"食物"。

上面的描述较为抽象，下面我们通过一个简单的词对集合来解释它的工作原理（谷歌的词对集合有数十亿）。假设我们扫描了当地报纸上的一篇文章，发现了以下词对：（delicious，beef），（delicious，salad），（feed，cow），（beef，cow），（pig，pork），（pork，salad），（salad，beef），（eat，pork），（cow，farm）等。这些词将共同组成字典{beef，cow，delicious，farm，feed，pig，pork，salad}（{牛肉，牛，美味，农场，饲料，猪，猪肉，沙拉}）[1]。

---

[1] 是的，即使是在最短的文章中，我们也忽略了很多出现的词对。在计算上来说，这甚至对于谷歌来说都是个不小的挑战。

每个词在字典中都有对应的分量，如果在单词 cow(牛)的位置上置 1，其他则为 0，那么单词 cow 的矢量表达为(0, 1, 0, 0, 0, 0, 0, 0)。这是监督学习算法中输入对其他被映射到的输出向量的表达(也是词典的长度)，也是词典中其他词在输入词附近出现的概率。因此，对于 cow 一词的输入，其输出可能是(0.3, 0, 0, 0.5, 0.1, 0.1, 0, 0)。这显示 cow 有 30%的时间里与 beef(牛肉)配对，50%的时间里与 farm(农场)配对，10%的时间里与 pig(猪)配对。

与每个监督学习问题的目标一样，该模型也是试图将输入(即单词向量)尽可能多地映射到输出(即有概率的向量)。但不同之处在于，我们并不关心模型本身，而是更关心由模型生成的数学表达式，这个表达式显示了词典每个词与其他词的关系。这就是词向量，也可以看作通过对“含义”进行编码的方式表示每一个词的数学表达。表 11.3 显示了词典中的一些词及其对应的词向量。例如，cow 被表示为一个三维向量(1.0,0.1,1.0)，而不是之前的更长、更稀疏的向量(0, 1, 0, 0, 0, 0, 0, 0)。

表 11.3 使用词向量描述词

词	维度 1	维度 2	维度 3
cow	**1.0**	0.1	**1.0**
beef	0.1	**1.0**	**0.9**
pig	**1.0**	0.1	0.0
pork	0.1	**1.0**	0.0
salad	0.0	**1.0**	0.0

词向量令人着迷的一点在于，这些向量很大程度上包含了单词背后的意义，这就类似主成分分析(PCA)中，通过减少维度来刻画特征。

试看表11.3中的维度1,你能发现一个特征吗?不管维度1意味着什么,cow(牛)和pig(猪)都得分很高,而salad(沙拉)则没有。分析其规律,我们可以把这个维度称为"动物"。同理,我们可以把维度2命名为"食物",因为beef(牛肉)、pork(猪肉)和salad(沙拉)的得分都很高。而维度3由于与牛相关的词得分都很高,可以命名为"牛"维度。有了这样的结构,我们很容易看出词语使用的相似性,甚至还可以简单地描述出词语之间的数学关系。

例如,可以从表11.3看到,beef(牛肉)－cow(牛)＋pig(猪)≈pork(猪肉)[①]。

这种技术称为Word2Vec(词语到向量,即词向量化)。谷歌提供了免费的词向量可供下载使用。正如你的感受一样,万物皆在变化之中,文本也不例外。非食品也可以被形容为美味,如"秀色可餐"。orange这个词可以表示一种颜色(橙色),也可以表示一种水果(橙子)。同时,语言中还存在大量的同义词,这无疑会让文本分析变得更加复杂。

词向量由于有数字结构,可以进行计算,因此在搜索引擎和推荐系统都有广泛的应用。但是谷歌新闻中产生的词向量很可能并不能解决你的问题。例如Tide®(汰渍,洗衣粉品牌,英文单词意为"浪潮")和Goldfish®(金鱼,饼干品牌),这两个词的词义可能与"ocean"(海洋)和"pet"(宠物)更为接近。但对于一家杂货店来讲,这些产品在语义上应该更接近他们的竞争品牌,即其他品牌的洗涤剂和饼干。

你可以在你的文本上运行Word2Vec算法,生成你自己的

---

① 试着计算一下。向量beef=(0.1,1.0,0.9),向量cow=(1.0,0.1,1.0),向量pig=(1.0,0.1,0.0),向量pork=(0.1,1.0,0.0)。将向量按该经验公式相加减,beef－cow＋pig=(0.1,1.0,－0.1),与pork接近。

词向量。这将有助于你收集专属于自己的主题和数据集。但并不是每个公司都如同谷歌一般,拥有足够大量的文本数据来训练有意义的词向量。

11.3 主题建模

当我们把文本转化为有意义的数据集后,就可以开始进行文本分析了。将非结构化的文本数据转化为带有行和列的结构化数据集后,往往会有意想不到的收获。我们可以使用之前学习到的那些分析方法,当然需要进行一些微调。我们会在后续的几节中讨论这些分析方法。

在第 8 章中你已经学到了无监督学习——在数据集的行和列中寻找自然规律。例如在表 11.1 和表 11.2 上的文档-术语矩阵上应用 k-均值聚类,将会产生 k 个在某一方面相似的文本集合,这在某些情况下可能有一些帮助。但是在文本数据上应用 k-均值聚类是十分僵化的。例如,考虑下面三个句子。

(1) The Department of Defense should outline an official policy for outer space.(美国)国防部应当就外太空制定官方政策。

(2) The Treaty on the Non-Proliferation of Nuclear Weapons is important for national defense.《不扩散核武器条约》对于国防十分重要。

(3) The United States space program recently sent two astronauts into space.美国太空计划最近将两名宇航员送入太空。

在我们眼中,这三个句子讨论了两个一般性话题:国防和太空。句子(1)讨论了两个主题,句子(2)和句子(3)则各讨论了一个主题。当然,你也可以不同意这个观点,那样你就会发现将文本聚集在一起的一个核心挑战,即无法将主题完全分开。与一串数字不同,针对一段文本,每个人都可以持自己的观点。

主题建模[①]与 k-均值聚类十分相似,也是一种试图将类似的观察结果进行分类的无监督学习算法。但它放宽了“每个文档都应该精准分到一个类”的限制,相反,针对每个文档,它都提供了归属于不同主题的概率。例如,句子(1)可能在“国防”主题占比 60%,“太空”主题占比 40%。

图 11.3 的例子可能会帮助你用可视化方法理解这个问题。在这个翻转的文档-术语矩阵中,文档中出现的词语前 20 位由 d0～d19 表示。每个单元格表示对应词在文档中出现的频率,颜色越深,频率越高。但是,这些术语和文档都已经通过主题模型进行了排序,以显示主题模型的结果。

研究图 11.3,你就会发现文档中哪些常见的词语会构成可能的主题,以及包含哪些词组的文档会横跨多个主题(具体见 d13,即右侧第 3 列)。注意,和其他无监督学习方法一样,主题建模也不一定能保证得到准确的结果。

实际上,当你的文档中包含不同的主题时,主题建模往往能取得最好的效果。我们已经看到,主题建模的一些成熟应用中,先将文档过滤到一些特定的主题中,再对其进行分析。这就好比在一堆新闻文章中只搜索那些包含“篮球”和“勒布朗·詹姆斯”的文章。如果你期望通过对剩下的文章应用主题建模,能够获得一些有意义的东西,那你一定会大失所望。这是因为你已经完成了对文档的过滤,为其他文档定义了一个主题。所以要

① 两种流行的主题建模类型是潜在语义分析(Latent Semantic Analysis, LSA)和潜在狄利克雷分配(Latent Dirichlet Allocation, LDA)。

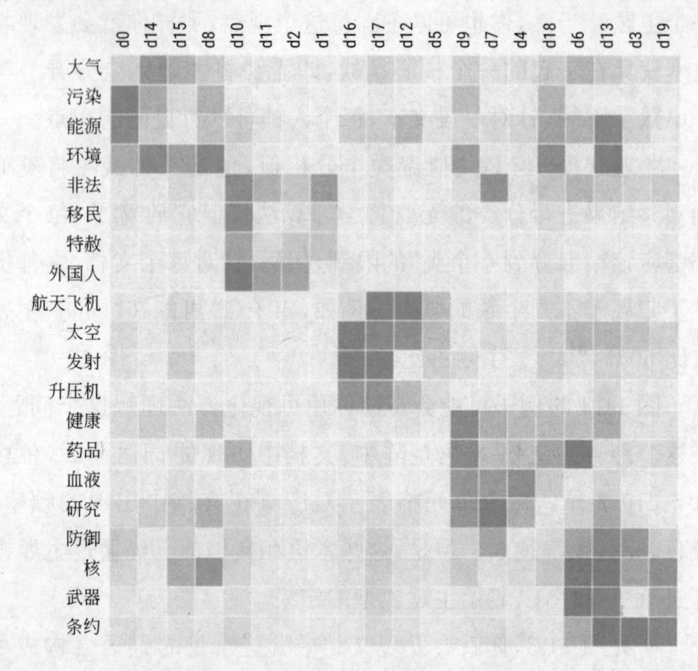

图 11.3　将文档和术语一起通过主题建模进行聚类，你能发现图中的 5 个主要主题吗？你会如何对它们进行命名？

牢记这一个细微的差别，并适当地管理你的预期。

11.4　文本分类

在这一节中，我们将由之前的无监督学习过渡到对文档-术语矩阵的监督学习（前提是存在已知的目标来学习）。对于文本，我们通常试图预测其分类变量，所以相较于预测数字的回归模型，更应该像之前介绍的分类学习。文本分类的一个典型应用就是电子邮箱的垃圾邮件过滤器，它的输入是电子邮件的文本信息，而输出是“是否为垃圾邮件”的标签。文本另一个成熟的应用是将在线新闻文章自动分配到对应的新闻类别：本地、政治、世界、运动、娱乐等。

让我们通过一个具体的例子(当然是简化过的)来了解如何利用词袋法进行文本分类。表 11.4 显示了 5 种不同类别主题的电子邮件,并且包含了表明该邮件是否为垃圾邮件的标志。请注意：作为一个旁观者,不要低估公司为了收集类似数据所做的努力。所以邮件浏览器询问你"这封邮件是否为垃圾邮件"是有原因的,你的选择是在为机器学习算法提供训练数据。

那么我们应当使用何种算法对表 11.4 中的电子邮件数据进行主题预测呢?

或许你最先想到的就是逻辑回归算法,因为它在预测二元结果方面已经被证实很有用。遗憾的是,逻辑回归算法在这里起不到任何作用。为什么?因为逻辑回归背后的数学原理被破坏了,这里有太多的词语,却没有足够多的样本来进行学习。表 11.4 中的列比行多,而这是逻辑回归的大忌①。

朴素贝叶斯算法

这种情况下,朴素贝叶斯算法就应运而生了(由本书第 6 章提到的贝叶斯命名)。朴素贝叶斯算法背后的原理也十分简单：电子邮件主题中的单词更有可能出现在垃圾邮件还是非垃圾邮件中?这个过程常见于你检查邮箱的时候,根据你的经验,"免费"这个词通常会是一个属于垃圾邮件的词,其他的词例如"钱""伟哥"或者"富有"也是一样。如果邮件中大多数的词语都是垃圾词语,那么这封邮件大概率也是一封垃圾邮件。这很简单。

① 如果数据中的特征多于观察值,线性回归也无法起到任何作用。但有一些线性回归和逻辑回归的变种可以处理这种情况。

表 11.4　简单的垃圾邮件分类器示例

邮件主题	advice	bald	birthday	debt	free	help	mom	party	relief	stock	viagra	spam?
Advice for Mom's birthday party(妈妈生日派对的建议)	1	0	1	0	0	0	1	1	0	0	0	0
Free Viagra!(免费的伟哥!)	0	0	0	0	1	0	0	0	0	0	1	1
Free Stock Advice(免费的股票建议)	1	0	0	0	1	0	0	0	0	1	0	1
Free Debt Relief Advice(免费的债务减免建议)	1	0	0	1	1	0	0	0	1	0	0	1
Balding? We can help!(秃头了?我们可以帮忙!)	0	1	0	0	0	1	0	0	0	0	0	1

换言之,你正在基于给定主题的词语{W1,W2,W3,…}计算一封邮件是垃圾邮件的概率。如果是垃圾邮件的概率超过了不是垃圾邮件的概率,那么就将该邮件标记为垃圾邮件。用概率符号表达就是:

- 一封邮件是垃圾邮件的概率=P(垃圾邮件|W1,W2,W3,…);
- 一封邮件不是垃圾邮件的概率=P(不是垃圾邮件|W1,W2,W3,…)。

在此之前,我们来盘点表 11.4 中的可用数据。表格中列出了每个词在垃圾邮件(以及非垃圾邮件)中出现的概率。在 4 封垃圾邮件中,有 3 封出现了单词“免费”。在垃圾邮件的计算条件下,P(“免费”|垃圾邮件)=0.75。同理,P(“债务”|垃圾邮件)=0.25,P(“妈妈”|非垃圾邮件)=1,以此类推。

这给了我们什么信息?我们想知道一封邮件是垃圾邮件的概率,却得到了某一个词是垃圾邮件的概率,二者显然不一样。但我们可以通过第 6 章描述的贝叶斯定律将它们组合在一起。贝叶斯定律的核心思想是交换条件概率,因此我们可以用 P(W1,W2,W3,…|垃圾邮件)来代替 P(垃圾邮件|W1,W2,W3,…)。通过一些额外的数学计算(为了简洁起见,我们跳过这部分),可以将判断垃圾邮件的概率转化为以下哪个值更高:

(1) 垃圾邮件得分=P(垃圾邮件)×P(W1|垃圾邮件)×P(W2|垃圾邮件)×P(W3|垃圾邮件);

(2) 非垃圾邮件得分=P(非垃圾邮件)×P(W1|非垃圾邮件)×P(W2|非垃圾邮件)×P(W3|非垃圾邮件)。

所有这些信息都可以在表 11.4 中找到。利用训练数据得到的垃圾邮件和非垃圾邮件的概率 P(垃圾邮件)和 P(非垃圾邮件)分别是 80%和 20%。换言之,如果在不看邮件主题的情况下进行猜测，你会将这一邮件推测为“垃圾邮件”，因为这是训练数据的主要分类。

为了得到上面的公式，朴素贝叶斯算法犯了一个概率上的常见大错——它假设了事件之间的独立性。将“免费”和“伟哥”的概率表示为 P(“免费”，“伟哥”|垃圾邮件)取决于这两个词在同一封邮件中出现的频率，但这会加大计算的复杂程度。而贝叶斯定律就是这样“天真”地假设每个概率事件都是独立的：P(“免费”，“伟哥”|垃圾邮件)＝ P(“免费”|垃圾邮件)×P(“伟哥”|垃圾邮件)。

更深层了解

如果你看到一封主题为“通过我们的股票建议获得摆脱债务危机的方法”的邮件。你会把注意力集中在“获得”“债务”“股票”“建议”这几个不间断的词上。并计算出：

(1) 垃圾邮件得分＝P(垃圾邮件)×P(“获得”|垃圾邮件)×P(“债务”|垃圾邮件)×P(“股票”|垃圾邮件)×P(“建议”|垃圾邮件)；

(2) 非垃圾邮件得分＝P(非垃圾邮件)×P(“获得”|非垃圾邮件)×P(“债务”|非垃圾邮件)×P(“股票”|非垃圾邮件)×P(“建议”|非垃圾邮件)。

但有一个小问题，一些新词或罕见词的计算需要做一些调整，以免概率中某一项为零时，整体结果为0。在表11.4的迷你数据集中，“获得”这个词根本没有出现，而“债务”“股票”“建议”这些词只在垃圾邮件中出现过。这些异常点会让垃圾邮件和非垃圾邮件的得分通通等于零。为了解决这个问题，可以假设每个词都至少出现过一次，这样，每个词的出现频率都会加1。同时我们还需要给垃圾邮件和非垃圾邮件(即分母)的频率加2,以防数值达到1。[①]

现在我们计算得到:

(1) 垃圾邮件 $=0.8\times\frac{0+1}{4+2}\times\frac{1+1}{4+2}\times\frac{1+1}{4+2}\times\frac{2+1}{4+2}=0.0074$;

(2) 非垃圾邮件 $=0.2\times\frac{0+1}{1+2}\times\frac{0+1}{1+2}\times\frac{0+1}{1+2}\times\frac{1+1}{1+2}=0.0049$。

所以,“通过我们的股票建议获得摆脱债务危机的方法”这封主题邮件是垃圾邮件的概率较大。

情感分析

情感分析(sentiment analysis)是基于社交媒体文本的流行分类应用。如果你在搜索引擎上搜索“推特数据情感分析”,你可能对得到结果的数量感到震惊:似乎每个人都在做这件事。情感分析背后的原理就像之前垃圾邮件/非垃圾邮件的例子:分析每一个社交媒体帖子(或产品评论)中的词语是“积极的”还是“消极的”。如何处理这些信息直接取决于你的具体业务。但对于情感分析,有一个重要的注意事项:不要对超过训练数据的背景做过度推断,并期待得到有意义的结果。

这是什么意思?许多对学生免费开放的“情感分析”数据集是一个超大的电影评论结合。在这个数据集上运行的模型都将与电影评论建立起联系,例如会把“伟大”和“令人敬畏”这样的

① 这个过程称为拉普拉斯校正。它有助于防止由低计数引起的高变异性,这一点我们在第3章中讨论过。

词语与积极的情绪联系起来。但如果在其他的语境中，这些词可能有不同的含义，这时就不要期待这个模型有好的表现。

> **基于树的文本分析**
>
> 例如随机森林或提升树的很多模型也可以在文本分类中取得很好的结果，甚至比朴素贝叶斯算法的表现更好。但朴素贝叶斯算法通常是一个最初的尝试，并且有更好的解释性。

11.5 实际处理文本分析的细节

现在，读者应已熟悉了文本分析的几种基础工作。本节，我们将在更高的层面上讨论文本分析。

在处理文本时，你可以尽情对数据进行阅读。如果主题建模表示某些句子归属于某些主题，我们可以凭直觉对结果进行检查。同样，我们也可以对文本分类模型进行检查：好的、坏的、丑的。

根据我们的经验，给利益相关者展示文本分析项目是十分有趣的，因为听众可以直接阅读数据并代入自己的决策——因为这些数据不是一串数字，而是可以轻松阅读、理解并做出判断的东西。而演讲者往往会倾向于讲述一些令人激动的成功案例，对显而易见的失误则会闭口不提。所以作为数据达人的你，应当更加清晰透明地看待事情的两面性。反过来讲，如果你是根据对方展示的数据做决策的那一方，一定要要求看一些算法出错的例子。相信我们，这些例子一定存在。

让我们回顾一下之前的观点：当公司开始分析自己的文本

数据时，往往会对结果感到失望和沮丧。但这不是让你远离文本的意思——恰恰相反，只有通过对缺点进行透明化处理，才可以有效防止可能出现的反弹。这样，当你的公司开始分析文本时，就不会发现它远比预期中的棘手，也不会因此愤怒地全盘否定它或者无视它的优点，反而聚焦于一些可有可无的分析上。

通过前面章节的学习，你现在已经能够掌握怀疑的态度，并能够意识到哪里会出现问题。但一些大公司似乎已经征服了这些挑战，成为文本分析和自然语言处理(NLP)领域，甚至还包括音频分析等领域的领导者。

大型科技公司的优势

以下是诸如脸书(Facebook)、苹果、亚马逊和微软等大型科技公司所熟练掌握，而其他公司不具备的东西：丰富的文本和语音信息(即大量的标记数据，可以直接用于训练监督学习模型)；强大的计算能力；专业的、世界级的研究团队；雄厚的资金。

在这些资源的加持下，大型科技公司不仅在文本分析方面取得了巨大的进步，在音频分析方面也取得了不俗的成果。近年来，以下领域有了显著的改进。

- 语音转换文本(Speech-to-Text)：语音助手和智能手机能够更准确地将语音转换成文字。
- 文本转换语音(Text-to-Speech)：计算机朗读文字的水平更加接近人类。
- 文本到文本(Text-to-Text)：两种语言间的翻译实现了更好的实时性和准确性。
- 聊天机器人(Chatbots)：每个网站上都会弹出自动聊天窗口，询问“有什么可以帮到您?”，更能有效帮助到访问者。

- 人类可读文本生成(Generating Human-Readable Text):来自 OpenAI 的 GPT-3 语言模型可以生成类人文本(你可能认为这些文本是人类写的),回答问题,并且按照要求生成计算机代码。目前为止,它是同类模型中最先进的。据估计,该模型的训练成本为 460 万美元,这还是不包含研究人员薪资的成本,仅包括运行计算机的开支。

再加上对数据和专家研究团队的访问,你就会知道,不同公司的 NLP 技术往往是“有”和“无”的差距。大多数公司根本称不上有 NLP 的研究(至少目前没有)。即便这一技术的算法是开源的,但海量数据收集和超级计算机的访问权限却不是人人都有的。所以,大型科技公司显然更有优势。

在模型建立初期,另一件需要考虑的事就是有多少来自大型科技公司的应用是开放给所有人使用的。要把它们当作社会各阶层的共同任务。亚马逊的 Alexa 是设计给所有人的,当然也包括儿童。翻译文本时,训练数据有严格的限制,例如英语中的“party”对应了西班牙语中的“fiesta”。我们的观点是:我们希望对于每个使用这些系统的人,系统都能以同样的方式工作。

但这可能与实际的文本分类任务形成了鲜明的对比。例如“三星比苹果好”,这句话可以理解为两个产品之间的对比,也有可能是这两家公司的员工对公司的点评。你获取的数据可能有特定的语境,也许只适用于你的公司。不仅如此,得到的文本规模也会比科技公司所拥有的规模要小。

因此,尽管结果可能不像预期那样理想,但我们仍然鼓励你利用所有可用的算法,包括文本分析。洞察力不仅关乎巨大的算力,还关乎文本内容和对结果的期望。如果你能在开始分析之前了解到文本分析的局限性,你就能够找到合适的场景来使用这项技术。

本章小结

通过本章的学习，我们希望你已经了解到，计算机理解语言的方式和人类大相径庭——对于计算机而言，这些语言都是数字。这一点就十分重要了。下次听到市场营销的说辞，例如“人工智能可以解决一切文本的商业问题”的时候，你就不会再次被骗了。因为将文本转化为数字的过程会丧失人类赋予单词的和句子的部分含义。本章主要介绍了以下的 3 种算法：

- 词袋法；
- *N*-词元法；
- 词向量。

当文本被转换为数字后，你就可以应用主题建模等无监督学习算法了，同样你也可以完成文本分类等监督学习任务。在本章的最后，我们介绍了大型科技公司是如何在 NLP 领域研究取得领先地位的，所以你要学会根据公司拥有的数据量和资源合理设定预期。

下一章我们将继续对非结构化数据进行分析，力求让你进一步理解神经网络和深度学习。

第12章

解析深度学习概念

人工智能有时被誉为新时代的工业革命。如果深度学习是这场革命的火车头，那么数据就是它的煤炭：为智能机器提供动力的原料，没有数据，一切都不可能发生。

AI is sometimes heralded as the new industrial revolution. If deep learning is the steam engine of this revolution, then data is its coal: the raw material that powers our intelligent machines, without which nothing would be possible.

——弗朗索瓦·肖莱(François Chollet)，
人工智能研究员和作家

恭喜你阅读到了这里。从各种不同角度来说,本章都是你成为数据达人之旅的点睛之处。本章将从几方面介绍深度学习,也就是机器学习领域不断发展壮大的子领域之一。

今时今日,深度学习技术推动了前沿的产品和技术的发展,我们也对其展现了非同一般的迷恋,因为它们太人性化了。深度学习的应用包括面部识别、自动驾驶、癌症检测和机器翻译。

也就是说,在那些曾经被认为是属于人类专属的范畴,深度学习已经开始介入,并帮助人类决策。但正如我们即将说明的,深度学习既不是一项新技术,也不具有跟人类功能类似的大脑。你所听到的、看到的激动人心的承诺和炒作,更多都与深度学习的潜力相关。商业界正在深度学习领域投入大量资金,而这一举措无疑将在未来几年影响诸多行业。但随着深度学习的发展进步,对其概念的炒作接踵而来,相反,伴随深度学习产生的道德问题往往被忽视。

下面,我们将逐层揭开深度学习的组成部分。首先,我们从深度学习的结构开始分析。深度学习采用了一种称为人工神经网络的系列模型。人们认为这些算法是机器模仿大脑思考问题的方式,但如同我们即将在后面看到的,它只是勉强地做到了这一点。其次,我们将更深入地讨论神经网络是如何通过调整自身结构以承担更复杂的学习任务的,例如图像识别。最后,我们将从深度学习的现状出发,关注其面临的实际挑战,它们被错误地部署的频率,以及运行黑盒模型的更广泛影响。

12.1 神经网络

对深度学习下一个定义，前提是要了解其背后的基础构建模块：人工神经网络。

神经网络如何像大脑一样工作

人脑中，无数的神经元构成了神经网络。人们普遍认为这些神经元以化学信号和电脉冲的形式来“吸收信息”。这些被吸收的信息导致神经元在某一点“开火”或给出反应。假如你正在开车，一头鹿从车前跑过，你的大脑会立刻处理输入的信息（驾驶速度、与鹿的距离、附近的交通状况等），导致大脑内部的数百万神经元共同决策，最终触发输出结果（刹车或者转弯避开）[①]。

那么问题来了：我们能否创造一系列模型和算法，可以模仿大脑学习的方式来学习并进化？我们能否将数据、图形或声音形式的输入信号迅速转化为有意义的输出结果？如果我们能将大脑模拟成一种算法，想象一下，我们人类每分每秒做出的决定中，有多少是计算机可以代替我们做的？

人工神经网络就是模仿生物神经网络的计算方法。神经网络就是尝试回答这一问题的技术。

这听起来十分难以置信，但事实上，本书的作者们也一样确实感受到了神经网络的魅力。神经网络最初创建于 20 世纪 40 年代，并被设计为模仿当时人类所理解的生物学。事实上，围绕着神经网络的绝大部分的炒作都源于这样的一个事实：它们的

---

① 当然，一头鹿跳到你的车前是一个极端的例子，用来证明大脑极速分泌的化学物质。现实情况是，你的大脑现在正在快速处理输入和输出。甚至在你阅读这行文字时，数以百万计的神经元正在发射电流。

创造是受了我们人类大脑的启发，因而它们也是为人类提供服务的。但是“神经网络就像人类的大脑”这种比喻的危险之处在于，它将抽象信息和一般常识投射到神经网络模型上，而神经网络模型实际上只是一些海量而庞大的数学方程式。

因此，不管新闻媒体和销售人员讲得如何天花乱坠，你都不应该被误导，认为神经网络或深度学习反映了其与人类大脑的紧密联系。相反，这些算法的成功源于性能更好的计算机，海量的数据，以及机器学习、统计学和数学的研究浪潮。

现在让我们通过两个例子来看看神经网络是如何工作的。

一个简单的神经网络

回顾第 10 章“理解分类模型”中，我们建立了一个预测候选人能否获得面试机会的模型。该模型通过对候选人的 GPA、年级、专业和课外活动数量来预测其最终获得面试机会的概率。图 12.1 将这些信息可视化为一个最基本的神经网络。

图 12.1 显示了一个申请人的 4 个输入：

- GPA＝3.90；
- 年级＝4；
- 专业＝“统计学”(编码为 2)；
- 课外活动数量＝5(反映候选人参与的课外活动总数)。

图 12.1 中数值流入一个圆圈形的计算单元，这就是神经元。神经元中有一个激活函数(activation function)。

激活函数将 4 个输入值转换为一个单一的输出。生物学上的解释是，如果输入值的组合超过了一个“阈值”，神经元就会“启动”，并最终预测申请人获得面试机会。

取决于要解决的具体问题和你拥有的数据，有多种函数可以作为激励函数。因为在这里我们要处理的问题是一个分类问

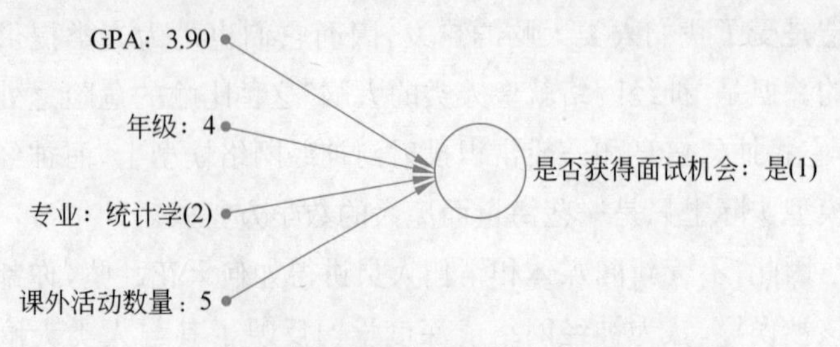

图 12.1 最简单的神经网络,4 个输入值在单个神经元中经激活函数处理,得到一个输出值

题,即候选人能否获得面试机会,因此我们的激活函数被设计为录用的概率,就像第 10 章使用逻辑回归一样[1]。

式(12.1)和式(12.2)中展示了一个常见的激活函数。我们把它分成两部分,方便读者理解(当然,也更方便印刷)。

$$\text{Probability of Offer} = \frac{1}{1 + e^{-(X)}} \tag{12.1}$$

$$\begin{aligned} \text{Where } X = {} & w_1 * \text{GPA} + w_2 * \text{Year} + w_3 * \text{Major} \\ & + w_4 * \text{Extracurriculars} + b \end{aligned} \tag{12.2}$$

希望这些公式让你感到熟悉,式(12.1)是第 10 章出现的逻辑函数,式(12.2)是第 9 章出现的线性回归函数。因此,在数学上,神经网络只包含了传统的机器学习和统计学习方法。式(12.2)的线性回归方程可以让我们将 4 个输入合并为一个,式(12.1)的逻辑函数能够将结果压缩到 0 和 1 之间,即概率的范围之内。

与逻辑回归的目标一样,神经网络的目标是找到权重和常数项的最优值,在式(12.2)中分别表示为 w 和 b,统称为参数,使预测输出与实际输出接近。

---

① 神经网络也可用于处理回归问题。回归问题会有一个不同的激活函数作为最后的计算——基本上是一个线性回归模型。

神经网络是如何学习的

真正的问题是,这些参数应该如何设置才能得到最理想的结果? 这也是我们在寻找的万用答案,它能够把神经网络变成一个有用的预测机器。但在训练过程的开始,这些参数可以是任何值。所以我们的算法会为各个参数分配随机值,这是因为算法必须从某个地方开始。这就像我们需要洗手时,来到一个没有冷热指示的水龙头前,你需要打开它并测试最适合的温度。训练神经网络也是同样的道理。

这些初始值本质上是错误的:其原因在于它们是随机生成的,而并不是学习得来的。但它们可以让雪球滚动起来,而且最重要的是,它们随机产生了一个数字输出。例如,假设有两位优秀的候选人,威尔和艾利,通过神经网络运行他们的输入数据(就像前面的公式那样)。假设随机参数对威尔和艾利分别生成了 0.2 和 0.3 的输出,换句话说,随机的参数和常数表明,这二人获得面试机会的概率很低。但是请记住,这是在用历史数据训练,我们知道实际的输出。而在这个案例中,我们已知威尔和艾利两人都获得了面试机会,即真实输出值是 1,但模型预测值很低。因此神经网络目前还是一个很糟糕的预测器。

在预测之后,模型查看了输出的真实值(1 和 1),并发出信息说,当前参数是错误的,请调节它们。但是究竟该往哪个方向调节权重,该调节多少? 一种名为反向传播(backpropagation)的算法[①]会调整这些权重,并决定每一项增加或减少的量级。是 GPA 更重要吗? 还是在校年份的权重应该更小些? 不断重

① 对于微积分爱好者而言,反向传播本质上是一种链式法则,它提供了优化嵌套方程的工具,正如我们在神经网络中发现的那些。

复这一过程，更新后的权重再次被用来给威尔和艾利打分，这一次的输出分别是 0.4 和 0.6。好多了，但还不够好，因此神经网络再一次通过反向传播算法调整权重，循环往复。随着时间的推移，参数最终被调整到预测值与实际值最为接近的最佳状态。[①]

一个略微复杂的神经网络

前面的例子中，我们所做的只是把逻辑回归变成了一个可视化的神经网络，其背后的数学逻辑是相同的。那么你可能会好奇，我们为什么会这样做？为什么要把逻辑回归以神经网络的形式展现呢？

这个问题的答案在于，只有在你向神经网络中加入“隐藏”层(hidden layers)后，你才会发现神经网络真正的强大之处。因此，我们在之前的神经网络中，再添加一个带有 3 个神经元的隐藏层，每个神经元都包含一个逻辑激活函数(logistic activation function)，这就形成了图 12.2 所示的结构。

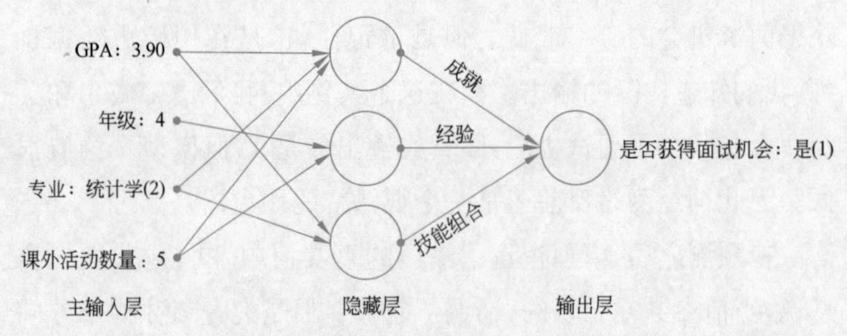

图 12.2　一个包含隐藏层的神经网络结构，中间层被“隐藏”在左边的主输入层和右边的输出层之间

① 在线性回归中，参数有一个真正的数学最优值(也就是说，平方之和不能再减少)。遗憾的是，对于神经网络来说，通常没办法知道它是否已经达到了数学上的最优，或者只是一个方便的、“足够好”的结果。

这一想法在于,隐藏层的神经元将“学习”新的、不同的输入数据表征,这会使预测任务变得更加简单。我们先来看隐藏层的顶部神经元(即图 12.2 中间的一层,由 3 个神经元组成)。在对历史数据进行学习后,假设顶部神经元“学到了”一个人的 GPA、专业、课外活动数量是其录取的重要因素。这就意味着一个拥有高 GPA、更高级专业,以及许多课外活动的候选人会使这个神经元“发射”一个信号,来代表数据中的一个新的特征。我们把这个特征称为“成就”。从数学角度上,这意味着 GPA、专业、课外活动数量的权重是“高”的。

同样,中间的神经元可能会把在年级和课外活动的数量结合起来,作为发射信号“经验”。同理,当学生有适当的“技能组合”时(即高 GPA 和合适的专业),底部神经元就会启动。当然,这都是假设性的。就像 PCA 一样,我们是根据出现的字段组合,依据影响大小对特征进行分类的。

简而言之,4 个原始数据输入进入隐藏层,并作为 3 个新特征出来。这些新特征——成就、经验和技能组合,会成为最后一个神经元的输入。该神经元将这些输入进行加权组合。最后一个神经元将这些输入进行加权组合,通过另一个激活函数运行,并产生一个预测。

从计算的角度来看,该神经网络可以被认为是每个神经元中的一系列逻辑回归模型。在隐藏层中,有 3 个逻辑回归模型,每个模型对 GPA、年级、专业和课外数量活动的贡献进行不同的权衡。为了便于可视化,我们没有将所有输入都连接到隐藏层,而是忽略了那些权重较小的不重要的连接。隐藏层的 3 个模型的输出成为最后一个神经元的输入,也就是说,这些输入的加权组合产生最终的输出。

这创造了方程中的方程,读者可以将其理解为数学形式的俄罗斯套娃。下面我们将用更直观的方式展示它为什么像俄罗斯套娃。

“外部”函数是神经网络最后一层的激活。对于图 12.2 中的神经网络,它将是:

$$\text{Probability of Offer} = \frac{1}{e} - (w_1 * \text{Achievement} + w_2 * \text{Experience} + w_3 * \text{Skillset} + b)$$

但是这个等式中的每个特征,即成就、经验和技能,都是独立的等式。如果我们在前面的等式中只替换成就,我们就会得到:

$$\text{Probability of Offer} = \frac{1}{e} - \left(w_1 * \left(\frac{1}{1 + e^{-(w_{11} * \text{GPA} + w_{21} * \text{Year} + w_{31} * \text{Major} + w_{41} * \text{EC} + b1)}}\right) + w_2 * \text{Experience} + w_3 * \text{Skillset} + b\right)$$

这还是我们仅仅替换了“成就”这一项的情况下!我们甚至还没有取代其他的变量。但这使得我们之前提出的观点再一次得到验证:神经网络本质上是庞大的数学方程式。

类似的初始结构就会生成一个含有许多参数的庞大方程,它需要输入数据集,并以多种方式将其中的数据组合起来。正是这些函数的分层使得神经网络能够识别出数据中更复杂的表征,从而创造出更多潜在的、细致的预测。

思想是难以描述的,神经网络也是如此。在实际应用中,隐藏层可能不会产生对人类可解释的表征,不像我们在这里所展示的(成就、经验和技能组合)。更糟糕的是,当你添加更多的层数和更多神经元时,神经网络模型将变得更加复杂。有时,这些模型被描述为黑盒子,当它们的层数和神经元达到一定程度时,我们基本就无从了解它们是如何工作的了。

因此,在向别人解释神经网络时,你不必陷入神经网络与人脑的戏剧性比较中。更现实的说法是,神经网络是常用于监督学习任务(分类或回归)的大型数学方程,它们可以通过找到输入数据的全新表征,使预测更加容易。

下一个话题,什么是深度学习呢?

12.2 深度学习的应用

深度学习是具有两个或以上隐藏层的一系列人工神经网络算法结构。换句话说,它是一个品质更好的人工神经网络。深度学习的构想(或如我们在图 12.3 中所描述的那样)是将隐藏层累积在一起,上一层的输出成为下一层的输入。在每一层中都实现了数据的新抽象和表征,从而有效地从输入数据集中创造出更加精妙的特征。

想要实现上述过程,通常是非常复杂的。1989 年,杨立昆领导的研究人员创建了一个深度学习模型,将手写的数字作为输入,并自动分配适当的数字标签作为输出。这一研究的目的是自动识别邮件上的邮政编码。

该网络有超过 1200 个神经元和近 10 000 个参数(想想方程 12.2 中的模型只有 5 个参数,你就知道深度学习是多么复杂了)。杨立昆的团队需要使用数以千计的带有标签的手写数字进行学习。而所有这些都是在 20 世纪 80 年代的技术基础上完成的。

深度学习的成功因素包括:最先进的计算能力、大量的标签数据集,以及足够的耐心。然而,虽然那时深度学习的研究已经取得了一定的进展,但深度学习在那之后的几年里一直未能得到突破性的成果。这是因为:①训练一个深度神经网络是非常“痛苦”的，即使在当时最快、最昂贵的计算机上，训练深度神经网络的速度也很慢；②大多数带有输入-输出标签的大批数据是需要权限才能获取的。而人们当时的耐心也只能走到这一步。

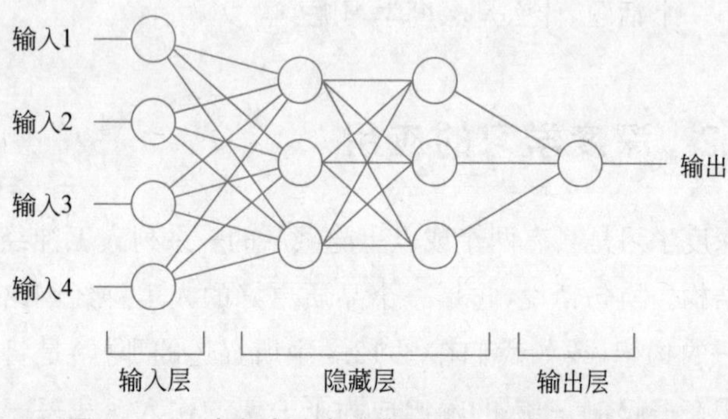

图 12.3　一个包含两个隐藏层的深度神经网络结构

2010 年之后，大数据技术的发展（得益于互联网），算法的改进（例如比逻辑函数等更好的激活函数），以及被称为图形处理器单元（GPU）的计算机硬件，共同开创了深度学习的革命。GPU 的发展使得训练时间可以缩减至之前的 1/100。突然间，深度神经网络中数千个参数的学习过程从几周或几个月变成了几天甚至是几小时。此后，深度学习取得的胜利就像滚雪球一样越滚越大，尤其是在文本、图像和音频等非结构化数据方面，无论是识别或标记人脸，还是将音频转化为文本，深度学习都取得了不错的成果。

深度学习的益处

在讨论深度学习如何处理非结构化数据之前，让我们多谈谈为什么深度学习与你所熟悉的算法不同。我们已经谈到了几个原因：隐藏层的神经元可以生成数据集、模型交互和非线性关系的全新的、微妙的数据特征,从而帮助我们发现其他方法可能错过的细微差别。

从实用的角度来看,这说明深度学习对数据工作者有极大的帮助,因为它减少了人工参与的特征工程(feature engineering)的时间。

所谓特征工程,就是基于主题将原始数据组合或转换为新特征(新列)的过程。例如,在一个预测某人是否会拖欠贷款的数据集中,将家庭收入和住房价格这两项输入划分为一个“可负担性”指标——住房价格/家庭收入,这可能会提高模型的性能。但这一过程可能会很耗时,而且很模糊。而深度学习可以在其隐藏层中创建更适合预测任务的数据表征,从而实现这一特征工程过程的自动化。

随着数据更多、网络更庞大、层次更多,自动特征工程和神经元的层层堆叠可能会挖掘出数据中更多更复杂的表征。所以当它从更大的数据集中学习时,它的性能会得到改善。图 12.4 说明了这一点。

该图展示了不同算法的理论性能曲线,也揭示了传统方法(如逻辑回归和线性回归)是如何在性能上停滞不前的。无论有标签训练数据的规模如何继续增长,线性方法能够捕捉到的信号都十分有限。相反,随着神经网络架构的深入,我们会发现数据中能挖掘和预测的信息越来越多,其性能可能会继续提高。当然,从实际情况来看,每个数据集都有一个极限。就像从柠檬中榨汁一样,柠檬的大小决定了你榨出汁液的多少。

图 12.4 中还有一个很重要的注意事项,模型的性能只有在数据有意义时才会提高,而这是无法保证的。

深度学习以其自动特征工程的能力和识别数据中微妙模式的能力,在处理问题时表现良好。下面我们将阐释它的工作

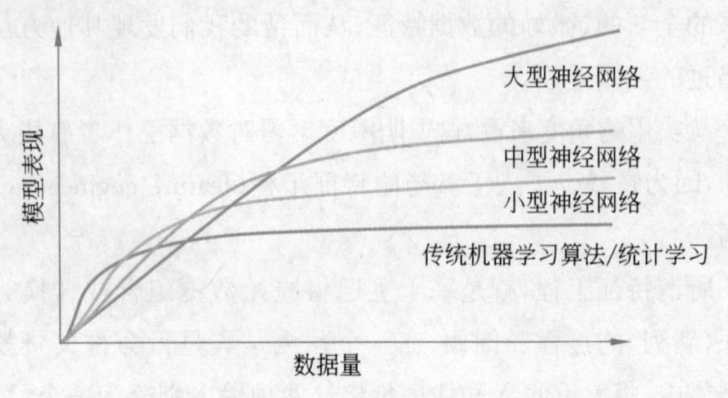

图 12.4 传统回归和分类算法与小型、中型、大型神经网络的性能比较

原理。

计算机如何“看见”图像

在第 11 章中，你学习了计算机是如何“阅读”文本的。在本节中，你将学习计算机是如何“看见”图像的，并对深度学习在计算机视觉领域如何工作有一个认知。

图 12.5 描述了一个简单的灰度图像——一个手写的数字——在计算机中的表示。[①] 该图像的每个像素都被转换为从 0(代表白色)到 255(代表黑色)之间的数值，来代替两者之间的每一个灰度色调。图 12.5 中的手写数字是一个低分辨率的 8×8 像素的图像，它可以表示为一个有 64 个值的矩阵，这些值的范围是 0～255。人类看到的是左边的手写数字，计算机看到的是中间的数字表格。

现在，想象一下包含几千个例子的数据库：不同风格和笔法的 0～9 之间的手写数字。如果要求人类阅读并识别这些数

① 在研究深度学习时，手写数字识别是深度学习的必经之路。这是杨立昆在 1989 年解决的问题。今天，这个过程可以在一台笔记本电脑上完成。可以参考这个手写数字的数据库：yann.lecun.com/exdb/mnist。

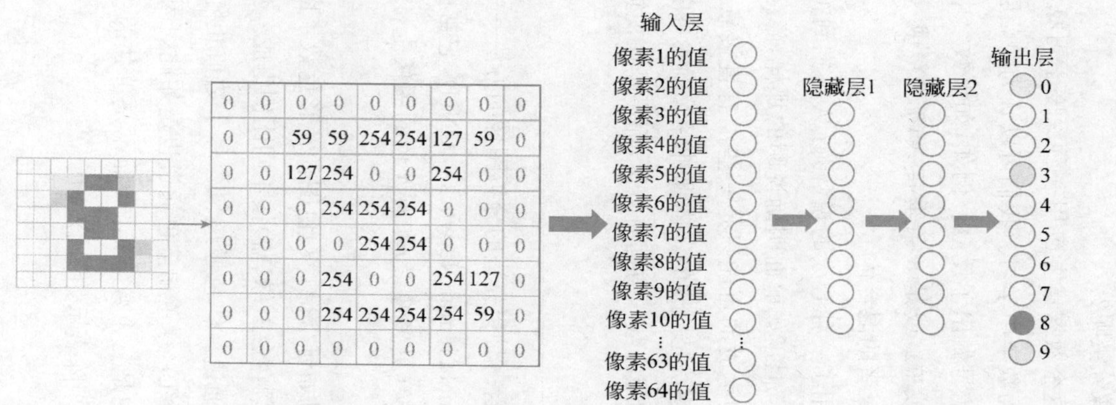

图 12.5 灰度图像在计算机中的“外观”，以及这些数据如何进入深度神经网络，输出层中的色调深浅表示猜测可能性的大小

字,甚至是几岁的幼童都可以毫不费力地完成这项工作。但计算机如何进行图像分类呢?

我们可以在这个数据集上应用一种深度学习算法,它可以从成千上万的手写数字中学习。我们可以认为隐藏层中的神经元对一个特别的信号做出了反应。例如,如果数字中存在一个"循环"[①](0、6、8 或 9),或是一条垂直线(1、4),或一条水平线(2、4、7),甚至是三者的混合体。

我们在这里用了一种夸大的说辞,让人感觉到神经元可能很有自己的想法。但正如前面明确说明的那样,隐藏层通常很难解释,而且它们生成的可能只是一些没有直接意义的表征。但这个概念性的想法是成立的。内部神经元确实可以发现数字中的模式,但它们只在数学方面有意义,而不是在视觉方面。

卷积神经网络

现在我们来看一种更先进的分析图像的方法——卷积神经网络(Convolutional Neural Networks, CNN),它常被研究人员用来在较大的图像(更多像素)和有颜色的图像上,以建立图像分类系统。

首先,计算机如何"看到"彩色图像?彩色数字图像中的每个像素都由三种颜色(红、绿、蓝)按不同比例组成。我们将这三种颜色称为颜色通道。红色通道包含一个数值矩阵,范围从 0(无红)到 255(全红),绿色和蓝色通道也是如此。因此,对于一幅图像,表示它的是三个数字矩阵,而不是单独的一个数字矩阵。彩色图像的矩阵表示如图 12.6 所示。

---

① 译者注:指数字中存在一个闭合的圆圈。

红

151	199	202	122	46	28	7	157	221	14
137	230	120	116	197	116	228	66	155	34
28	216	136	209	116	53	245	130	237	194
12	16	141	158	73	58	111	54	251	157
144	51	3	171	47	121	236	101	166	37
48	15	133	95	14	204	246	204	88	67
88	90	139	101	222	113	250	134	177	70
83	194	174	20	75	213	255	134	142	185
88	254	98	110	248	96	208	223	202	37
79	90	100	228	27	80	140	146	160	116

绿

蓝

图 12.6　彩色图像被表示为三维矩阵，对应的数字为红、绿、蓝像素值

因此，一张1000万像素的图像将包含3000万个数字。如果这3000万个输入被送入一个包含1000个隐藏层神经元的神经网络，那么你的计算机将需要学习高达300亿个权重参数①。就算你有机会使用世界上最快的超级计算机（何况绝大多数人都没有这个机会），你也最好找到一个更好的方法来处理这个问题。

研究人员和深度学习从业者是如何做到这一点的？通过使用一个称为"卷积"的过程。卷积在数学上相当于用一系列的放大镜来分析一张图片，每一个放大镜都有不同的用途。当你用放大镜从左到右、从上到下移动一张图片时，你会注意到许多局部的模式：边缘、直角、圆角、纹理等（见图12.7）。卷积在数学上做到了这一点——对局部的像素值集进行计算，找到图像的边缘（例如，一个很大数值旁边的0值）和其他模式。为了减少这个过程中涉及的庞大数量，卷积将这些数字"集中"起来，以找到最独特的数字。

在卷积找到图像中的水平线或直角边等局部模式后，隐藏层的神经元开始拼接重要的边缘线（从数学意义上讲），并将与目标输出无关的信息过滤。卷积以这样一种方式"扭曲"数据，使神经网络能够学会分辨照片中是否有儿童，或者分辨人们在不同照片中的脸部差异，或者在自动驾驶汽车视角中区分停在路边的汽车和行驶中的汽车、行人和建筑工人，以及停车标识和让行标识。

卷积的过程不仅减少了神经网络结构的数据量（记住，如果可以的话，你不希望估计数十亿的数字），还能在整个图像中"搜索"类似的特征。不同于结构化数据集（一个特征的位置已知且

---

① 隐藏层的1000个神经元中的每一个都将是3000万个输入值的加权和。

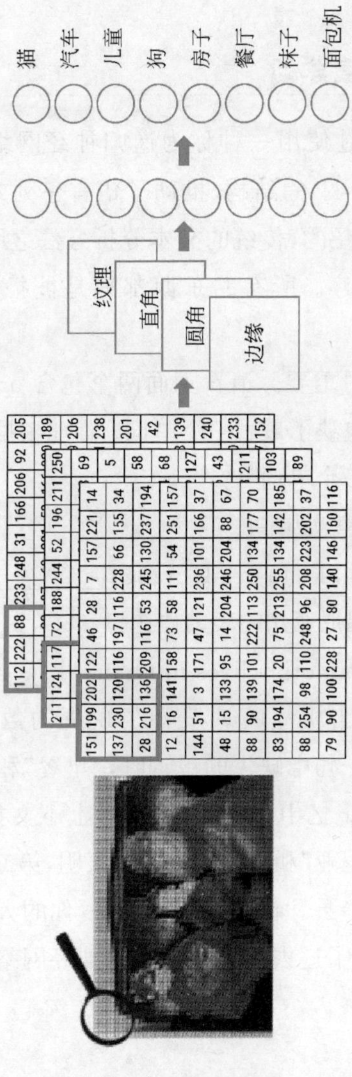

图 12.7　卷积就像一系列的放大镜，检测图像中的不同形状，并将其送入神经网络的隐藏层进行分类

固定)，图像中的特征不仅需要被分析，还需要被定位。这就是为什么无论你躲在照片的哪个角落，社交媒体都可以在每一张照片中找到你的脸。

语言序列上的深度学习

深度学习也通过使用一种称为递归神经网络(Recurrent Neural Network，RNN)的结构，推动了语言序列方面的进步。正如第11章中所介绍的，传统的文本分析方法之所以失败，是因为它们忽略了词序。所有的东西都只是被扔进了一个词袋里。

但是词序显然很重要。请看下面两个包含orange这个单词的句子。每句话空缺了最后一个单词。你能根据句意预测并补充每句中的最后一个单词吗?

(1) 早餐时，我喜欢喝橙________。

At breakfast, I like to drink orange ________.

(2) 我在加利福尼亚州的表弟住在橙________。

My cousin in California lives in Orange[①] ________.

你的大脑可能当机立断地填补了缺失的数值:“汁”和“县”。当你读到第一句中缺失的单词时，“早餐”和“喝”这两个词进入了你的短期记忆中。很明显，这里上下文指的是橙汁。同样，你对“加利福尼亚”和“住在”的记忆表明，第二句话的答案是加利福尼亚州的橙县。在这两种情况下，你的大脑在处理新信息的同时，还保留了过去的信息。递归神经网络正式在计算上实现了这一点。

---

① 译者注:Orange是美国加利福尼亚州的一处地名，译为“橙县”，也有其他资料译作“橘郡”。

图12.8显示了一个简单的递归神经网络，其输出循环到网络中，形成一个“记忆”。

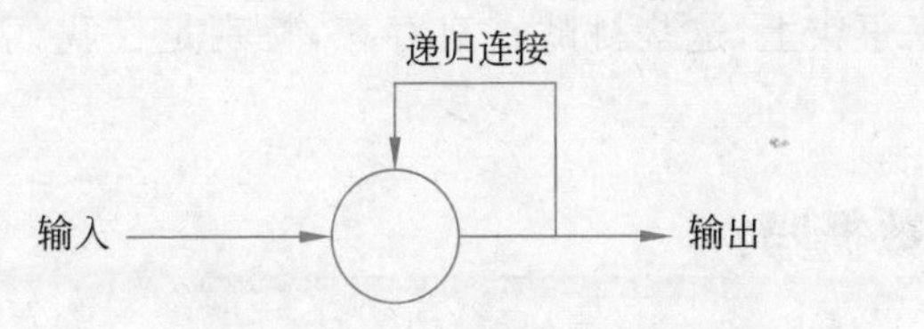

图12.8 简易的递归神经网络表示方法

对于“下一个词是什么”的文本分类问题，数以千计或数百万计输入-输出对的词语序列构成了一个训练集。例如，输入“早餐我……”将被映射到输出“早餐我喜欢”。当系统滚动浏览一个句子中的词语序列时，它也会“记住”先前的词语。因此，当网络看到输入“喝橙……”时，如果历史数据中包含有“橙汁”或“喝……汁”的句子，那么输出将可能是“喝橙汁”。

这样的深度学习算法可以用于帮助你更快地撰写文案，还能在你打字时纠正语法。自2018年以来，谷歌在Gmail中的“智能撰写”功能就应用了这项技术：它以递归神经网络驱动，完成你的文字建设，将你句子中的空格补全。[①]

现在我们已经讨论了深度学习的技术细节，下面来谈谈它的实践情况。

12.3 深度学习的实践

诚然，我们很难不对深度学习感到兴奋。我们目前只是粗浅地了解了一下深度学习的冰山一角。而今天的思想家们提

① 递归神经网络包含很多类型。最受欢迎的类型称为长短期记忆(LSTM)网络。

出，深度学习将在很大程度上推动我们的未来发展，这一点令人信服。但可惜的是，这种兴奋会使我们忽视仍然存在的挑战——事实上，这些挑战一直存在，特别是在我们与数据打交道时。

你有数据吗？

尽管深度学习听起来很神奇，但对于公司来说，最大的障碍可能是没有足够的标记训练数据。正如本章开头所说，数据“是为我们的智能机器提供动力的原料，没有数据，一切都不可能发生”。然而，我们一次又一次地看到（前面已经提过几次了），许多企业希望在没有足够的标记数据情况下尝试应用深度学习。

深度学习和人工智能专家吴恩达这样阐述了数据挑战：

> 在所有经济领域利用人工智能的一个主要挑战是需要大量的定制方案。为了使用计算机视觉来检查制成品，我们需要为想要检查的每个产品训练一个不同的模型：每个智能手机模型、每个半导体芯片、每个家用电器等。

而这些模型中的每一个，都需要用到大量的专属的标记样本图像。

> 迁移学习（如何使用小数据集）
>
> 如果你有一些标记的数据，也许是几百张图片，但又不到几千张，你的团队可能会很幸运地发现，有一种叫迁移学习的东西。迁移学习的理念是下载一个经过训练的模型来识别日常物品（气球、猫、狗等），也就是说，网络中的数千个

参数值已经被优化过了，以适应一组图像。回顾早期的浅层神经网络，它们被用来识别通用特征，如形状和线条。后来，更深层的神经网络将这些边缘和线条拼凑起来，形成预期的输出图像。

迁移学习背后的思路是直接快进到后面的几个层——例如，学习线条和边缘如何形成猫和狗的图案——并用新的层来取代它，通过新一轮的训练，学习这些形状如何组合成医学图像中的肿瘤轮廓。请注意，迁移学习可能会将标记图像的数量减少至原先的1/10，但它不会将其减少到十几张。

你的数据是结构化的吗？

深度学习的神秘性在很大程度上出于它对感知数据（图像、视频、文本和音频）的预测性能。这些感知数据是我们不必看密密麻麻的电子表格就能理解并使用的数据。对于结构化数据，也就是以行和列的形式表示的数据，深度学习可能仍有助于提高性能，当然通常并不会。

如果你的数据工作者试图在结构化数据集上构建有监督的学习模型，并在此刻将深度学习视为救命稻草——“其他的方法全部都失败了。我们用深度学习再试一次”——大概率结局会得到一个令人很失望的结果。

在结构化数据的处理中，深度神经网络经常会输给基于树的方法（见本书第10章）。这是毫无疑问的，但也有例外，但如果基于树模型时准确率依然很差，最好花些时间，来厘清数据中你试图回答的问题是否合理（记住，标记的数据并不意味着你能找到输入和输出之间的联系)。

深度学习很好地利用了输入和输出之间的关系,前提是这种关系确实存在,不能无中生有。

数据的质量和丰富程度仍然很重要。

神经网络是什么样子的?

建立深度神经网络听起来很容易,但事实上有几十项决定要做。比如说:

- 神经网络应该有多少层?
- 每层有多少个神经元?
- 应该使用哪种激活函数?

我们不会在这里回答这些问题,当然这一领域有很多优秀的参考书,但我们想告诉读者的是,数据工作者将花费大量的时间,可能是几周的时间,来试验这些参数和神经网络的一般结构。而且,当构建一个大型神经网络时,要注意不要过拟合(第9章和第10章的教训仍然适用!)。

面向从业者的深度学习

如果你想学习如何自己建立深度学习模型,我们强烈推荐 François Chollet 的系列书籍。他的书中涵盖了用 R 语言和 Python 语言实现的 Keras 深度学习库。

■ Chollet, F. (2018). Python 深度学习.New York: Manning.

■ Chollet, F., & Allaire, J. J. (2018).R 深度学习. New York: Manning.

12.4 人工智能与你

在总结本章时，我们简要地谈谈人工智能及其更广泛的影响。作为数据达人的你必须了解，有两类类型的人工智能。第一类是人工通用智能（Artificial General Intelligence，AGI），即完全的“人类认知”的概念。参考资料就像你最喜欢的科幻电影一样。但请放心，AGI 方面的进展不大——至少还不足以让现在的我们担心。

然而，第二类人工智能，即人工狭义智能（Artificial Narrow Intelligence，ANI）正在取得重大进展：计算机系统能很好地完成如面部检测、语音翻译或欺诈检测等单一任务。也就是说，ANI 的工作是因为机器学习的工作。事实上，在某些场景中，你可以安全地认为人工智能就是机器学习。当你和你的同事们谈论人工智能时，当供应商来向你推销人工智能时，其实真正在讨论的都是“机器学习”的概念。如果问题涉及感知的、非结构化的数据，他们就是在谈论深度学习。机器学习是人工智能的一个子集，而深度学习是机器学习的一个子集，三者之间的关系如图 12.9 所示。

常常会有些人随意地使用“人工智能”这一术语。例如，社会上习惯把电影推荐系统称为人工智能，而它更准确的描述应该是机器学习或统计学习。这有什么关系呢？就像你在新闻中听到的所谓“人工智能”，需要从像我们人类那里获得大量的、缜密收集的数据集，这开启了关于数据质量、变异性、可能的目标泄露、过度拟合以及一系列其他实际问题的诚实讨论。人工智能正在加强过去数据收集的模式，而不是要创造类似人类意识的东西。

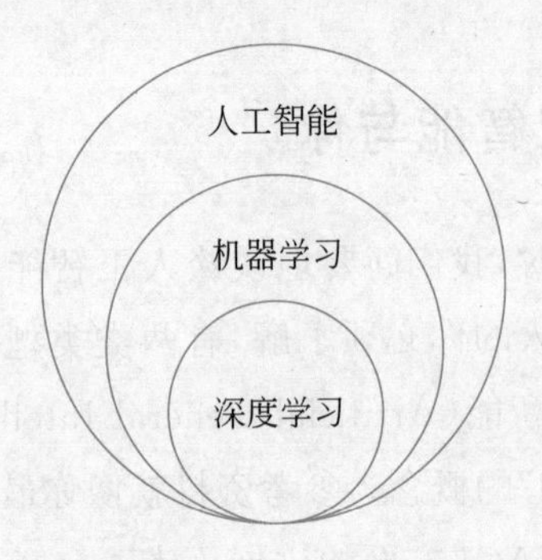

图 12.9 深度学习是机器学习的一个子领域，而机器学习是人工智能的一个子领域

大型公司的领先地位

然而，这种对立的存在的原因是大型科技公司又一次占领了上风。多年来，他们一直在悄悄地收集标记的训练数据，以训练机器学习和深度学习模型。

还记得几年前你点击了社交网站上面的照片吗？世界上其他数百万人也这么做了，这就给例如 Facebook 之类的科技公司提供了一堆图片（输入）和人脸的位置（输出）。深度学习现在可以在你的脸周围画一个方框，并识别出这是你还是你的一个朋友。当你登录某些网站时，那些恼人的“证明你是人类”的提示（“选择所有包含街口的方框”）正被用来训练自动驾驶汽车背后的深度学习网络。

数据收集是深度学习中鲜为人知的部分。它当然不像谈论人脑构造和自动图像分类那样有魅力。但是，如果你想知道你的公司如何开始找到深度学习的价值，或者更广泛的机器学习的价值，那么获得标记数据将是第一个步骤。如果你有图像之类需要标记的数据，但你不想自己将其标记——已经有成熟的产业提供解决方案,你可以花几分钱请人给你的数据贴上标签。而在未来,你可以用合理的价格获得你所需要的数据集。这一切的发生离我们并不遥远。

深度学习中的伦理问题

你们的作者不是伦理学家,所以主导这一讨论最合适的人选不一定是我们。但是,数据达人也应当参与到讨论中。这是由于你是与数据打交道的一线员工,你必须忠实地参与到数据的使用过程中。

当数据的增长速度超过了我们所能掌控的范围时,在某种程度上,我们有理由批评所有新技术。使用数据会引发更大的问题,一方面,我们常常错误地认为数据总是代表着一个不可动摇的基础真理;另一方面,我们如痴如醉地迷恋这些算法,因为它们似乎在很大程度上复制了我们自己的决策能力。

尽管我们一直强调算法本身并不是人类思维的副本,但现实是,它们的应用向更加人性化的方向发展,有时足以欺骗我们。例如,黑客们使用一种叫作生成对抗网络(GANs)的深度学习方法来创建人脸的"深度假象"。这将使他们能够在一个真实的人身上叠加一张"假脸",看起来就像这些人做了一些他们并没有做的事情。关于虚假事件的新闻可以随意在社交网站上发布,并配以看似逼真的标题。这些都是技术欺骗我们的方式。

而且,在更深的层次上,我们应该谨慎对待深度学习正在取代的人类评估系统。例如,对于法官来说,用人工智能预测有前科的犯人再次犯罪概率,其准确性如何?

正如我们所描述的那样,对深度学习最大的批评是对于其背后发生的具体事件的未知。当一个有数百万个参数的巨大数学方程被用于判决罪犯时;或被用于手机的人脸扫描等安全功能时;或者代替你踩刹车、转向,避免撞上行人时,我们难免会对其深表怀疑。

此外,我们所模拟的往往不只是数据点——他们是人。人们身份的某些方面可以被编码和标记。当我们收到这些人的数据时,它可能对我们没有什么意义。但是,如果我们接收数据的增长速度超过了我们表达它们造成的问题的能力,我们就不能假设社会已经批准了我们对数据的使用。我们可以收集某些特征和运行算法,但这并不意味着我们应该这样做。而且,虽然我们已经提供了理解结构良好的深度学习应用的工具,但你不能假设每个应用都能被正确运用。即使是在你自己的公司或组织中,也不要立刻被用深度学习解决问题的说法所打动。不要只要求看到数据和算法——而是要问这个结果对谁有影响?我可以接受吗?

所有这一切都意味着,在机器变得越来越聪明的同时,你也必须要变得越来越聪明。不要想当然地认为使用数据就一定会为企业和社会带来更好的影响。

本章小结

本章汇集了前几章中的许多经验和教训来解释深度学习的工作原理。请牢记,深度学习建立在由神经元组成的人工神经网络基础上。而每个神经元都包括了一个称为激活函数的方程。每一层都会反馈到一个或多个神经元中,这些层统统成为模块,流入最后一层,当所有这些层放在一起时,它们就形成了一个巨大的数学方程,可以作为一个预测模型。

深度学习代表了机器学习一个令人兴奋的新篇章。运行更复杂的模型的能力已经变得更便捷、更便宜。然而,我们还是必须把对于深度学习的期望值调低，不要指望它能解决一切问题。深度学习适合解决感知性问题，例如对高质量、被正确标记的图像和文本进行分类。而在于结构化数据的小问题上，深度学习的表现可能并不尽如人意。

归根结底，是人类在使用模型，而不是人类被模型支配。不要沉浸在深度学习的神秘感之中，认为它比你更聪明。这只是你的工作，在使用它时，你只需要感到舒适就够了。

第 4 篇

确保成功

在本书的第 4 篇中，你将发现如何通过从别人的错误中学习，使你成为数据达人的旅程得到最大的收益。

以下是我们将讨论的内容：

第 13 章　注意陷阱

第 14 章　知人善任

第 15 章　未完待续

第 13 章

注意陷阱

首要原则就是，你不能欺骗自己——而你恰恰是最容易被欺骗的人。

The first principle is that you must not fool yourself, and you are the easiest person to fool.

——理查德·费曼（Richard P. Feynman），
诺贝尔物理学奖得主

很多关于数据的思考、发言和理解都表明了,如果你在处理和解释数据时没有认真思考,将会发生怎样的错误。关于数据的有些陷阱很容易解决,但如果你不能留意到陷阱,就很难注意到它们。如果你不留心,甚至会引发数据灾难,就像本书中介绍的那些(想想"挑战者"号和 2008 年的房地产市场崩溃)。

本章的目标是提醒读者一些已知的陷阱,并且介绍其他常见的陷阱,一旦你不小心,它们就会使你的工作脱轨,或者更糟糕地,使你相信某些并非如此的事实。

开始本章的学习之前,让我们花一点时间承认,抱怨别人的工作失误是很容易的,而且讨论数据陷阱和失误很有趣。虽然我们鼓励你对工作保持怀疑态度,但我们也要认识到,改变是通过共鸣和鼓励来实现的。本书作者也是走了许多弯路才积累了本章的知识的。因此,我们要承认,大多数陷阱并不是出于恶意。很多可能是由于人们不知道什么会出错而造成的。本章试图使这些问题浮出水面。

13.1 数据中的偏差和怪象

偏差是一个复杂的话题,而且在各个学科中都屡见不鲜。我们把偏差理解为个人对观点和概念的片面偏爱,这样的偏爱会进一步在群体中得到加强。本节将讨论数据世界中常见的偏差,以及一些怪象——例如,第一眼看到的数据可以让你相信一件事，但第二眼发现事情并非如此。

幸存者偏差

假设一家投资公司在同一年推出了几十只共同基金，每只基金都包含随机的股票组合。如果某只基金在一定时间内未能战胜其业绩基准（例如，如果标准普尔 500 指数的回报率为 10%，而其中一只基金的回报率只有 3%），那么它就会被悄悄地停止投资。几年过去了，只有表现最好的少部分基金——也就是这个例子中的幸存者——仍然存在，并有着令人印象深刻的回报。这时，你作为一个潜在的投资者，带着资金来投资了。这家投资公司向你展示了该公司基金的同比市场表现的数据广告。

你会觉得是一笔可以投入的投资吗？

也许。企业在各种活动中对表现不佳的人或事物进行筛选，这本身并不少见。但是，假装表现不好的人或事物从来没有存在过，这并不是一件好事，因为它造成了偏差。在这个例子中，你没有看到关于“坏的”或“不幸的”基金的数据，因为它们被关闭了。这将使公司显现出的业绩与实际出现偏差，使你相信公司有专业的选股人员，而对于这件事，可能的合理解释只是运气。

这是幸存者偏差的一个例子，即“聚焦于已经通过了某种选择过程的人或事，而忽略那些未能通过的人或事的逻辑错误，因为它们缺乏知名度”。

幸存者偏差的一个典型例子是统计学家亚伯拉罕·瓦德的例子。瓦德试图将二战期间盟军轰炸机群的损失降到最低——有些飞机往往会带着严重的损伤和机翼上的弹孔在战斗中返回。最初的想法是加固飞机上这种损害普遍存在的地方。然而,瓦德想到这反映了一种幸存者的偏差:这些都是从那些能够返回的飞机中学习到的,但那些没有回来的飞机呢,它们的损害模式说明了什么?

对此,瓦德提出了一个看似违背直觉的建议:在返航飞机损伤最小的区域进行加固。为什么呢?因为这些部位被击中的飞机从来没能返航过。

均值回归

均值回归是一种听起来很简单的现象:随机事件的极端值出现后,往往伴随着不那么极端的值的出现。这种现象最初被称为"向平庸倒退"。1886 年,弗朗西斯·高尔顿爵士(Sir Francis Galton)注意到,高个子父母的孩子没有他们那么高,矮个子父母的孩子也没有他们矮。其背后的真实原因是,人类和他们的后代的身高存在着一种自然的、潜在的稳定性。在任何一个极端的数值(极矮小或极高大)后面,通常都跟随着一个较为中庸的数值。

虽然这个例子看起来可能很明显,但均值回归在推理中具有更广泛的意义。如果你不以鸟瞰的角度来看待所有可用数据,某些观察结果会让人觉得很极端。可能出现的偏差是基于某些这样极端的观测值做决定,而不是基于接近平均值的真实数据做决定。

下面以一名美国橄榄球联盟(NFL)的球员为例。假设这名球员有一个表现异常的年份,并在当年成为流行的电子游戏《麦登 NFL》的封面人物。但到了第二年,他的表现却不尽如人意。这种情况被人们称为"麦登诅咒"。但我们知道这是结果向平均值的回归。类似地,想象一名传统意义上的优秀员工在这一年中表现不佳,并且收到的绩效评级为"差"。因此,这名员工被列入一个“补救计划”,然后第二年,该员工的表现有所回升。经理认为,该员工的业绩提高归功于经理的智慧和指导。但由于均值回归的原因,该员工的表现可能在没有经理介入的情况下已经也有改善。

均值回归就是这样的,对异常值要抱有平常心。无论运气是好是坏,都不会永远持续下去。

辛普森悖论

另一个需要注意的现象称为辛普森悖论(Simpson's Paradox),这是观察性数据(也就是你要处理的大部分数据)的一个潜在的灾难性隐患。变量之间的趋势在加入第三个变量后被逆转,这就是辛普森悖论发生的场景。对于辛普森悖论,你必须避免两种数据错误:误将相关关系当作因果关系;错误的相关关系。

如表13.1所示,该数据来自1986年对两种不同类型的肾结石手术的研究。对医疗记录的审查表明,一种新型的微创肾结石清除手术的成功率(83%)比传统手术的成功率(78%)高。其结果从各方面来看,似乎都是具有统计学意义的。

表13.1 两种肾结石手术的成功率

手术类型	手术成功率
传统手术	78%
新型手术	83%

这怎么可能呢?因为新型手术是在许多患有小型肾结石的病人身上测试的,这些情况比较容易治疗,而传统手术主要被用于医治患有较大型肾结石的病人。尽管传统手术在小型肾结石上表现更好(93%),但新型手术在更多的病人身上的成功率为

87%。那么,新型手术的总体成功率就更偏向于 87%。在表 13.2 中,我们可以看到传统手术的总体成功率(78%)更多是加权在大型肾结石患者的成功率(73%)。新型手术在这组病人身上的表现较差,但这样的病例太少了,因此也无法改变其总体成功率。你因此感到困惑吗?没关系,这就是为什么它被称为悖论。

降低数据中辛普森悖论风险的最佳方法是什么?随机地将观察结果分成若干个治疗组,以避免混淆。换句话说,收集实验性数据。

表 13.2 肾结石手术背后的辛普森悖论

手术类型	小型肾结石成功率	大型肾结石成功率	总成功率
传统手术	93%	73%	78%
新型手术	87%	69%	83%

确认偏误

确认偏误(confirmation bias)可以说是任何数据项目中的潜在隐患。它常发生于数据和结果证实了一个人已有的先验观点的情况,而与之前观点不一致的证据则被丢在一旁,被认为没有任何意义。

尽管指责高级管理人员和商业利益相关者的确认偏误很容易,但要意识到我们自身的确认偏误难多了。但是对于许多数据团队来说,确认偏误几乎成为了一种生活方式。这是因为团队往往会为了验证高管们的决策而去刻意寻找一些证据——这些收集数据的行动可能在分析大量数据之前就已经做出。对于这些团队来说,总有一些数据工作是为了满足确认偏误而做的。数据达人应该努力超越任何确认偏误,并如实报告真实数据得出的调查结果。否则，团队可能会屈服于确认偏误下得出的结论，并证明决策的合理性，而不是了解所有可用的决策之后，在排除商业或政治压力之下做出合理的决策。

努力偏差（又称“沉没成本谬误”）

努力偏差（effort bias）指的是当大量的时间、金钱、资源和精力被投入到一个项目中时，人们就会希望这个项目继续下去。即使你在早期就认识到项目出现了如下情况，你也很难正视结果，或放弃该项目：

- 你没有正确的数据来做这个项目；
- 你没有合适的技术来做这个项目；
- 之前的项目范围没有抓住项目的基本优点。

有些公司宁愿数据科学家交付一些东西，甚至来者不拒，鉴于他们已经付出了太多时间和精力。这种沉没成本类型的压力是前面列出的许多偏差形成的肥沃土壤，之前的诸多偏见可能正起源于此。

算法偏差

随着越来越多的决策被机器学习自动化，我们开始意识到一种早已被深深嵌入数据和计算机世界的偏差，这就是算法偏差（algorithmic bias）。虽然研究人员和组织最近才开始更仔细地研究其起源和影响，但是这种偏差一直存在于数据中。算法偏差通常是现状的产物，在现状受到根本性挑战之前，它很难被人们大规模发现。然而，通过对工作保持警觉，我们可以更早地发现它。

回想一下前几章的例子，我们分享了关于实习生申请者的数据，并试图预测他们能否收到面试机会。如果数据集中包括

“性别”这一项，并将其编码为一个分类变量，而且历史上有更多的男性比女性获得面试机会，那么每个算法都会检测并利用这种关系，并给予男性更多的预测权重。对于算法来说，这都是1和0，但数据达人应该了解这些算法偏差，并且知道这些偏差甚至现在还会发生在亚马逊这类机器学习技术处于最前沿的科技公司中。

请注意，无论你的初衷是多么好，立场是多么中立，算法偏差都可以在任何地方发生，或者说，它此时此刻正在发生。没有哪个模型的预测能代表最终的真相，所有的结果都是假设的产物。你必须预先假设所有的观察数据中都是有偏差的，这也是事实。当模型进行预测时，它们会延续并加强潜在的偏差，用人类的思维来讲就是刻板印象。你不能只靠思想的改变来挖掘工作中涉及的偏差。这项工作应该从今天开始[①]。

未分类的偏差

本节中涉及的各种偏差并不是一个完整的偏见、悖论和奇怪的数据现象的清单。事实上，我们希望你能注意那些没有归到这些类目下面的陷阱。如果你只寻找特定类型的偏差或逻辑谬误，你可能会错过其他不那么突出的偏差。这是因为我们还没有把它们定义出来，但并不意味着这样的隐患不存在。

13.2 陷阱大清单

现在，你已经熟悉了一些常见的偏差和认知怪象，下面来谈

---

① 路透社2018年发表了一篇文章，题为“亚马逊公司取消显示对女性有偏见的秘密人工智能招聘工具”，详细介绍了他们的学习算法如何歧视“女性”一词和带有全部女子大学名称的简历。

谈在数据项目中要避免的更具体的陷阱。我们把这个大清单分为两类：①统计学和机器学习的陷阱；②项目本身的陷阱。

统计学和机器学习的陷阱

本节包含一个统计学和机器学习陷阱的列表，其中许多内容是我们以前讨论过的。

(1) **把相关关系误认为因果关系**。数据达人应该抵制诱惑，拒绝那些围绕相关变量建立因果关系的叙述。一家公司的销售增长可能与它在视频网站投放的广告浏览时长有关，但广告时长的增加却并不会导致销售额的增加。一个好的经验法则是，除非专门就因果关系设计了实验并加以证实，否则尽量避免谈论它。本书第 4 章和第 5 章讨论了这些观点。

(2) **P 值黑客(P-hacking)**。假设有一篇文章宣称："喝太多咖啡的人患胃癌的风险会增加。这个结果在 0.05 的显著性水平上具有统计学意义。"回顾第 7 章，在 0.05 的显著性水平上，数据中的信号有 1/20 的假阳性。P 值黑客是以各种方式检验数据，并且一定要从数据的规律中找到一个具有统计学意义的 P 值的过程。在上面的例子中，如果你后来发现研究人员还探讨了喝咖啡与脑癌、膀胱癌、乳腺癌、肺癌或 100 种癌症中的任何一种之间的相关性，那么咖啡与胃癌之间的联系就不那么引人关心了。纯属巧合的情况下，其中 5 种癌症也可能显示了统计学上的显著 P 值，即使咖啡和癌症之间没有关系存在。注意，P 值黑客是一种幸存者偏差，因为只有显著的 P 值黑客会被报告。

(3) **样本缺乏代表性**。不能代表投票人群的民意调查是错误的。对某家公司社交媒体平台的访问者的调查也可能无法反映大多数消费者的想法。我们有权对得出的数据进行争论(第

4 章),因为在制定政策或做出决定时,如果采用的数据样本并不能代表所有受影响的人群,就可能会导致严重的错误。更糟糕的是,这些数据甚至可能会自欺欺人,让你深信自己的决策是数据驱动的,这甚至还不如你拍拍脑袋随便做的决定。

(4) **数据泄露**。不要在预测阶段还没有取得的数据上训练模型。你可能会误以为你拥有了一个优秀的数据模型,但它可能完全没有任何作用。例如,如果你知道访问者在购买时使用了优惠券代码,那么预测访问者是否会购买产品就变得很容易。数据达人必须仔细检查模型中的每个特征,确认它们在需要做决策时是否存在(第 9 章和第 10 章)。

(5) **过度拟合**。回顾一下,模型是现实的简化版本。它们利用我们已知的东西来帮助我们预测我们不知道的东西。但是当模型在历史数据上表现良好,却不能预测新的观察结果时,可以说该模型是"过度拟合",或"过拟合"。从某种意义上说,模型只是在"记忆"训练数据所定义的一切情景,而并没有从训练数据中"学习"规律,也无法对未知事物进行预测(第 9 章和第 10 章)。数据达人可以通过将数据分成训练集和测试集两部分,来防止模型过度拟合。这样,模型可以从训练集中学习,在预测集中检查模型效果。

(6) **非代表性的训练数据**。这个陷阱指的是使用一个"非代表性的样本"来创建一个机器学习模型,模型就如同井底之蛙,只知道它们所训练的数据,而对其他数据一无所知。例如,一个从俄亥俄州的房地产数据中学习的模型,只能用来预测俄亥俄州房产的销售价格,而不能预测纽约市公寓的租赁价格。同样地,一个根据音频样本训练出来的语音助手或智能音箱,如果训练的场景是音响室,所有音频样本均以录音室的标准录制,它就很难在嘈杂的环境中解析人们的命令。为了避免这种陷阱,数据达人必须仔细考虑模型的应用场景,并收集训练数据以反映这些应用。

项目的陷阱

下面我们将描述许多项目陷阱,稍不小心,数据科学项目就可能因此受到重大影响。

(1) 问题不够尖锐或者没有解决主要问题。模糊不清的目标会导致数据团队、业务团队和项目利益相关者之间观点不一致,甚至陷入混乱。确保团队中的每个人都清楚地知道要解决哪些业务问题(第1章)。

(2) 面对失败不能及时纠正问题。与清晰的商业问题同样重要的是,当发现问题无法解决时,要迅速承认。许多数据团队会很快发现问题的本源,但由于外部压力,他们仍会在错误的方向继续前进。这样的问题必须得到及时纠正,否则就会发生错位。

(3) 拥有很多数据,但没有被善加利用。换句话说,数据很难获得。在一些组织中,特定的团队(如IT、财务、会计)拥有你需要使用的数据。但你没有权限去访问这些数据。你的公司必须明白,如果数据的权限被限制了,你所能做的事情就有限了。

(4) 数据不包含有效的信息。有时我们得到的数据看似非常"整洁",但它可能并不包含我们解决问题需要用到的信息。如果数据不包含有效的信息,就只能尝试收集更好的数据。

(5) 不知道如何使用廉价开源技术。在开展一些实施新技术的大型项目之前,不妨花点时间先做一下原型。在数据科学平台上运行你的未来业务可能会改变团队的游戏规则。但是,在投入资金之前,难道不应该用Excel、R语言或Python这样的免费开源技术构建一个最小可行原型(Minimum Viable

Prototype，MVP）吗？

（6）**时间计划过于乐观**。数据项目常以人们意想不到的方式失败。项目隐含的问题可能在项目进行几周后才会显现，而这些问题需要充裕的时间来解决。而太紧凑的时间规划会导致团队为求快而走捷径，因而做出糟糕的分析。项目的时间表应该为不可避免的数据挫折留出时间。

（7）**价值预期的膨胀**。企业目前普遍对数据科学、统计学和机器学习怀有很高的期望。对于项目能够带来的价值，开诚布公，但不要夸大其词。过高的预期可能会造成反弹，损害当前和未来的数据项目。

（8）**期望预测那些不可预测的事情**。有些任务不管收集了多少历史数据，都是无法预测的。最简单的例子，即使你记录了拉斯维加斯每一个赌场轮盘的每一次旋转，都不能帮助你预测下一次的旋转结果。

（9）**过犹不及，或者说杀鸡用牛刀**。和书本前的你一样，笔者也热爱从事数据项目。因此，我们中的许多人都准备好了要去挖掘下一个项目。但是，经常被人们忽略的一点是：数据科学、统计学、机器学习和人工智能可以解决世界上许多重要的问题，但它们不能解决所有问题。在被数据、算法、统计所环绕的工作环境下，我们反而容易忽略过犹不及的问题。你可以写一个分类算法，来帮助你确定业务规则。但是，很多情况下，我们已经有一套成熟可用的规则了。在这些情况下，使用人工的方法，直接列出这些规则，会比使用算法更容易一些。基本上，如果你的团队能写出业务规则来实现流程自动化，你的工作就轻松完成了。机器学习这一概念对管理层来说是很有说服力的，但有时，它只是杀鸡用牛刀。

本章小结

本章介绍了数据工作中常见的偏差和陷阱。正如我们之前所说的，这份陷阱大清单并不详尽，你应该从各种不同的角度来批判性地考虑问题。回顾一下，数据的增长速度已然超过了我们解析其背后问题的速度，也超过了它创造各种机遇的速度。如果你接受这一点，那么没有一份清单能够完全捕捉到人们还没有踏入过的陷阱。但本章只是抛砖引玉，为你未来的思考贡献一些引子。

总有项目正在失败的，而且很有可能，你也曾面临一个项目(或更多)的失败。当失败发生时，要确保其信息公开透明，如果可能，应及时转向新的想法。从失败的项目中学习，经验将是你最好的老师。

第 14 章

知人善任

人类总是担心计算机变得过于聪明并且会接管世界，但真正值得担心的问题是它们太愚蠢了，而且已经接管了世界。

People worry that computers will get too smart and take over the world, but the real problem is that they're too stupid and they've already taken over the world.

——佩德罗·多明戈斯(Pedro Domingos)，
人工智能研究员

在上一章中，我们了解了常见的项目陷阱。本章将讨论与数据打交道的各种人，以及他们扮演的角色。许多项目的失败不是技术或数据原因造成的，而是个性冲突、沟通不畅造成的。

缺乏沟通的现状导致本书中描述的许多项目走向失败。我们的目标是通过了解相关人物的不同个性，来帮助你驾驭沟通的技巧。因此，本章讨论了数据工作中关键人物所持有的看法，并分享了数据科学家和业务专家之间沟通不顺畅的情景。理解角色差异并表现出同理心，将有效弥补沟通方面的信息差。这也是成为数据达人的必经之路。

14.1 节将探讨更多关于数据专家和商业人士的观察，并着重分析沟通障碍是如何扼杀一个项目的。14.2 节将讨论人们对数据的不同态度——热情、愤怒，或怀疑态度。

14.1 沟通中断的 7 个场景

当沟通中断时，你可能在数据项目中看到表 14.1 中的 7 个场景。接下来我们将更加详细地介绍每个场景，有些场景可能听起来很熟悉。

表 14.1 沟通中断的 7 个场景

场景	总结
事后总结	早期警告信号出现了很久，却一直忽略，等到为时已晚时才想到请一位资深的数据科学家，试图使项目回到正轨
故事时间	聪明的分析师会把技术上的细节剥离出来，以极简的，甚至教小孩的口吻向上级解释数据反映的结论，而这种简化的汇报会让他们觉得自己背叛了作为一个关键数据思考者的角色
电话游戏	代码和数据科学的初步数据统计工作被断章取义，脱离原本语境，并被广泛分享，失去了其原本的意义
深入杂草	结果过于深奥，涉及太多技术细节，以至于在业务人员眼里变得毫无意义。过于专注技术的成果更多是自我陶醉，而不是真正的事情描述
现实检验	数据工作者执着于追求一个不切实际的解决方案，并且除非受到权威挑战，否则不会考虑其他解决方案
继任者	数据科学家在没有建立好团队间的信任和融洽关系时，就尝试解决主要的业务问题，或仅关注速胜
吹毛求疵	数据科学家对几乎所有人的项目都吹毛求疵，最终很可能没有人愿意再让他为自己的项目提供帮助

事后总结

一家电信公司承担了一个备受瞩目的项目，但在其进行了6个月的工作后依旧停滞不前。

该项目团队由一名数据科学家组成，其任务是预测客户流失情况，预测的内容是客户是否会在下一年转换到新的手机运营商。团队开发了一个模型，利用历史数据给所有现有客户评分，例如客户 1 有 85%的机会转换运营商，客户 2 有 10%的机会转换等。

纸面上的工作很容易完成：代码很快被投入生产，模型也可以运行。但是有一个小问题(也许也不是那么小)，模型远没有团队向投资人承诺的那样精确。

项目负责人在过去几周里对数据科学家提出的几个需要持续关注的问题其实是避重就轻的，他们认为这个问题是可以迅速解决的技术问题——毕竟人们认为计算机可以做任何事。但问题比预期的要复杂得多，领导们开始紧张了。因此，他们请来了一位更资深的数据科学家来接管这个项目。但为时已晚。

此时，团队已经做出了上百个决策，专家甚至不知道从哪里开始解开这个混乱的局面，尤其在团队向高级管理层提交结果之前的最后一周再请来专家，无异于临时抱佛脚。专家不仅重申了团队的数据科学家的担忧，还在清单上添加了更多的内容。

当这位高级数据科学家又一次花了 12 个小时来挽救项目时，她想起了著名统计学家 R.A.Fisher 的一句话："在实验结束后再叫来统计学家，可能的结果不过是请他进行验尸，他也许能说出实验的'死因'。"项目负责人不得不向高级管理层传达这个令人不快的消息。

故事时间

一位在专业院校学习了 5 年专业技术的学生正在进行她在营销公司新职位上的第一个大项目。在分享成果的前一天，她的经理随口告诉她，要把分析结果制作成一个"故事"，并把内容缩减到一张 PowerPoint 幻灯片中。

经理说："你必须像对待五年级学生那样对观众说话。"

尽管她知道观众中会有科学家，但她还是勉为其难地答应了。她认为，演讲内容已经被压缩得够多了，而且她已经和非技术性的同事检验过能否理解她要讲述的内容。

"相信我，"经理说，"你不希望这群人问任何问题。"因此，报告中省去了绝大部分的技术工作和批判性思维内容，工作仅被浓缩为一个简单的标题。

在报告会上，大多数听众都对呈现的结果点头称是。因此有些人质疑道，如果只是为了找到这么简单的答案，我们真的需要数据科学家吗？其他有一些技术知识的人则会疑惑，为什么项目中更多的技术方面被忽略了？

这个聪明的学生反思了一下报告内容，觉得确实忽略了很多细节内容。在某些方面，她觉得自己的报告背离了工作内容。

电话游戏

在一次非正式的会议上，一位数据科学家向她的业务伙伴提及她在公司数据中观察到的一个有趣的发现。她正处于分析的早期阶段，尚未进行深入挖掘，但一个非常粗略的调查显示，75％的调查对象说他们会成为该公司的回头客。

会议结束后，这位数据科学家回到她的办公桌前，再次回顾了那个75％的统计数字，并意识到数百名受访者中只有8人给出了对这个问题的回答。经过一番调查，她了解到这个问题是最近才被添加到调查中的；还没有任何一个回答“会成为回头客”的客户真正成了回头客。

一个月后，在公司的全体员工会议上，高管们吹嘘着他们在“留住客户”方面的成功。他们说，根据“数百名客户”的反应，他们的客户中会有四分之三是回头客。

数据科学家意识到这一事实只是来自一次偶然的非正式会议，而且是未经校验的结果。而在这一点上，这个事实已经在公司内部重复了很多次，甚至很多人已经默认它是不言而喻的事实。她想知道她能在多大程度上反驳公司使用这个数据，甚至是否值得这样做。

深入杂草

数据科学家将适当的方法应用在具有挑战性的问题上，并从各个方面回答了业务问题。但是，他向项目组提交的报告中，对项目的介绍却过于技术化，忽略了将技术价值回归到业务价值。

他试图展现一个技术专家的形象，但利益相关者却认为他讲的都是些技术废话。尽管他的工作听起来令人印象深刻，但听众离开房间后却不会从中找到明确的方向，不知道下一步该怎么做。在听众们看来，如果无法将数据以可以理解的方式呈现，那么该项目实际上就还没有完成。

这个问题会开始自我循环：数据科学家被要求回去创造更好的解决方案，于是进一步深入“杂草”中……

现实检验

一个数据科学家进行了市场研究分析，但却没有办法将解决方案作为市场战略来执行。因为这个解决方案与企业的运作方式太脱节了。如果该公司是拥有无尽数据、预算和时间的乌托邦，这可能会是一个很好的解决方案。然而现在的情况是，它是一个理想问题的伟大解决方案，但不是这个问题的最佳解决方案。

然而，这位数据科学家却很坚定。他想用“正确”的方式（也就是**他的**方式）来实施这个方案。他傲慢地告诉业务同事，他们必须弄清楚如何实施这个方案。最后，一位高级合伙人出面说，如果他们不能在目前的轨道上找出前进的突破口，整个项目将被取消。

“我们还能做什么？”高级合伙人问道。（直到现在，还没有其他人问这个问题。）

这时，他们才站在一个团队的立场，思考一种让每个人都能赢的方案。

继任者

在与保险业的客户打交道多年后，一个项目组引入了一位数据科学家来帮助他们分析多年的客户数据。这位数据科学家最近被提升为高级(senior)数据科学家，他希望团队成员能够将“高级”头衔奉为圭臬。

该团队努力与他们的每个客户建立信任关系，但这位高级数据科学家却操之过急，想要立刻解决问题并证明自己的价值，他希望与客户会面，说：“在我们与客户会面之前，我不能做任何事情。”这样的数据科学家没有把自己看作是团队的一部分，反而把自己看作一个“救世主”一样的咨询师，希望通过自己对数据领域的理解来“拯救”公司。

虽然数据科学家可以为团队提供客户的第一手资料，并有机会提出数据达人应提出的问题，但项目团队更多感受到的是数据科学家的不尊重。首先，他的言论表明了对团队的能力缺乏信任，无法识别正确的业务背景，无法发现真正的问题，也无法将其与造成的影响联系起来。

其次，这样的行为弱化了业务方为建立关系所做的艰难工作，正是这种关系创造了客户与公司的信任，导致客户愿意分享他们的需求。而数据科学家的这项要求暗藏着不必要的会面，以及以某种方式冒犯客户的风险，尽管出发点也许是无意的。

吹毛求疵

统计学家会为了规避给出专业解释，而尝试各种各样的报告方式。

尽管团队中还有其他受过同样教育背景，具有同样能力的人，但这样吹毛求疵的人会花更多的时间来争论哪种方法是最容易解释的，并且挑剔网上和教科书上的例子不够简明。他公开抨击业务部门，认为他们不够聪明，不能理解所完成的工作，尽管他们在公司的时间比他长得多。

每个人都知道他很聪明，而且他也很享受自己的专家地位，但他并没有为团队创造任何有价值的结果。制作一个演示文稿实际上是一个痛苦的过程，而他的争论风格阻碍了潜在的分析或讨论。他试图制作的每张幻灯片都让人觉得他在向自己的信念妥协。

因此，当一个项目需要一个"魔鬼代言人"时，这个吹毛求疵者会是一个值得信赖的声音，仅此而已。但即使要求他坐在那里，通过他的专业知识与历史项目进行对比，他也往往很难如期完成任务。

在日常工作中，他的意见更多被人们视为麻烦，而非专业意见。

14.2 数据个性

归根结底，每个失败场景都出于对工作中不同角色的贡献缺乏同情和尊重。让我们花点时间来思考这个问题。

企业接收到的很多数据建议都集中在对技术的投资和对未来劳动力的培训上。然而，在沟通的层面上却存在着如此多的失败。这些场景背后的问题并不是技术或数据本身的问题；相反，它们产生的原因是数据工作中没有相互倾听的冲突性人格。好消息是，这不是普遍情况，有相当一部分人（我们希望是本书的读者)想要倾听和理解我们角色之外的人的意见。

下面我们来谈谈你会在数据工作中遇到的一些不同的个性,以及其中最重要的个性——数据达人。

数据发烧友

第一次与数据打交道很可能是有趣和令人兴奋的。而企业中对于数据使用的可能性也理所当然让人们跃跃欲试。这本质上并不是一件坏事。但是,有些人会沉迷于这种概念的炒作。对这些人来说,所有新事物都是了不起的。在他们看来,数据可以解决所有问题。而被介绍给他们的案例研究、结果或图表的过程本身就证明了这个问题已经被彻底地分析。热衷于此的人往往表面看上去像数据达人一样,他们可能会说"给我看看数据"之类的话。然而,他们并不会提出一些挑战性问题来区分炒作和现实。

当与数据爱好者一起工作时,你应该一方面鼓励他们对数据的热爱,另一方面也要提醒他们,数据不可能完成那些本身就不可能完成的任务。通过鼓励他们对数据的怀疑态度,你可以帮助他们进阶为数据达人。

数据愤青

"数据愤青"(data cynic)认为,个人经验比数据科学、统计学、机器学习更重要。因此数据愤青们往往对数据工作者的贡献嗤之以鼻,他们认为数据充其量不过是一种令人讨厌的必需品,他们更愿意跟随他们的直觉。当他们不喜欢数据给出的结果时,就会挖空心思来阐述冗长的细节,而非接纳建设性的批评。

我们应该花点时间考虑一下数据愤青为什么会如此愤世嫉

俗，甚至他们的部分冷嘲热讽可能是有道理的。是不是因为他们没有在数据时代长大？他们是否目睹了其他数据项目的失败？不能假设他们和数据达人们一样重视数据。当与数据愤青一起工作时，应该通过倾听他们的价值观来表现出同理心，在与他们的沟通中谈到这些价值，并向他们展示你在数据解决方案中融入了他们的领域专长。

随着时间的推移，数据愤青可以成为数据达人，因为他们对数据有了更多的信任和信心。但我们必须按照他们的节奏引导他们。

数据达人

数据工作中最核心的数据达人是怀疑论者。他们的怀疑并不是为了让人讨厌。相反，他们只是在运用他们用批判性思维讨论数据的能力。像数据发烧友一样，数据达人在有用的地方倡导数据；像数据愤青一样，他们质疑应该被质疑的东西。但数据达人的合理怀疑态度是以技术知识和领域专业知识为基础的，并以充满同理心的方式来表达。

成为一名数据达人的首要条件是要倾听整个团队的意见。归根结底，每个人都希望被倾听和重视。因此，数据达人需要了解同伴所面对的障碍。

本章小结

本章回顾了项目中的不同人物互动时可能出现的 7 个场景。每个场景都突出了一个沟通的缺口，任意一个缺口都可能会导致以下问题。

- 业务方未能理解数据方的工作或挑战。这一主题在“事后总结”“故事时间”“电话游戏”等场景中得到了体现。

- 数据方不理解业务方的工作或挑战。这一主题在“现实检验”“继任者”场景中得到体现。
- 数据方拒绝从其单纯的技术角色中脱离出来，要么是因为他们漠不关心（“深入杂草”的场景），要么是因为傲慢无礼（“吹毛求疵”的场景）。

接下来，我们讨论了数据达人应该如何与具有不同数据个性的合作伙伴互动。数据达人必须满足人们的需求的同时引导他们对数据产生更好的理解。这只有在用同理心进行沟通时才能实现。下一章将讨论数据达人具体可以做些什么，来在组织中创造一个环境，以更好地增进团队对数据的理解。

第 15 章

未完待续

人们只能从书本中"学习"部分事情，而实际上更多的"学习"需要你动手去做这些事情。

One learns from books and example only that certain things can be done. Actual learning requires that you do those things.

——弗兰克·赫尔伯特(Frank Herbert)，美国作家为了确保你的成功，这个简短的章节旨在为你提供你在开始学习之旅的下一阶段——成为数据达人所需要的技巧。

数据达人意味着：

- 从统计学角度思考问题，了解变量在他们的生活和决策中的作用；
- 具备数据知识，能够解释工作中遇到的统计数字及结果的含义，并提出正确的问题；
- 了解机器学习、文本分析、深度学习和人工智能的真实发展情况；
- 在处理和解释数据时避免常见的陷阱。

换句话说，数据达人就是像你这样的人。

要成为一个对公司有用的数据达人，你需要使用数据来推动组织内的变革。笔者希望这本书已经提供了足够多的方案供你参考。但请记住，笔者并没有经历过所有的事情，有些例子只是刻意把一些琐碎的事情写进这本书。现实世界中，情况要复杂得多。

使用数据来改变世界在书中听起来不错，但在实践中却很难。

如果你觉得这本书给你带来了动力，那么笔者谦虚地对你表示感谢。但真正的工作才刚刚开始。如果你不帮助我们传播书中的这些想法，它们也将变得毫无意义。

下面是一些你可以做的事情：

- 在你的公司创建一个数据达人工作小组；
- 定期举行聚会或午餐学习，深入研究书中讨论过的主题，并了解书中没有涉及的主题；
- 承诺分享你掌握的知识，并帮助他人进阶为数据达人。

曾几何时，学习新的数据概念是会议、峰会和研讨会的专属。事实上，公司和员工也可以依靠各种活动来帮助支持数据领域的学习。然而，在全球新型冠状病毒感染的大背景下，靠这种方式持续驱动变得更加困难。此外，公司可能在纸面上说他们投资于员工的数据学习，但现实只会是培训预算越来越少。

这对于现实的影响是，公司已经转移了培训的负担。从前，公司从外包团队获取数据的新想法，而公司员工却对其不甚了解。随着时间的推移，公司现在期望新员工能够具有数据方面的经验。而现在，快速学习本身就是一种重要的技能。

作为数据达人，你必须接受的事实是：你的大部分学习必须在工作之外进行，而不是在工作中。学习过程诸如阅读本书、参加在线学习或考取证书。我们的世界已经全面接受了更便宜的培训方式，这意味着你要承担起获得信息的责任。无论你处于公司的哪个层级，你都不能将自己的个人发展寄托于每年举办两次的培训活动。你也不能指望一场杰出的主题演讲就能激发你的动力。数据不会等着你对它进行批判性的思考，你必须持续学习，并对进度负责。

现在，相信你已经有了正确的工具和心态来成为一名数据达人，成为能够思考、说话和理解数据的人，成为能够穿透噪声、炒作和旋转的人。要使用机器学习和人工智能的方法，你不必成为一个行业的技术巨头。事实上，虽然本书提出的许多概念反映了新的技术，但企业面临的问题却并不新鲜：质量差的数据、错误的假设和不切实际的期望——这些根本性的问题已经存在几十年了。

同时，对数据的炒作和承诺往往会将人们的注意力从这些根本问题上拉开。在本书的开头，我们提供了一系列数据灾难的例子，这些灾难的发生，是因为当事人没有用数据达人的思维去思考问题。随着数据量的不断增加，人们犯这种错误的风险也在增加。

最好的情况是错误刚刚发生时，这时是错误最容易被纠正的时候。而在最坏的情况下，数据的错误不仅会造成金钱的浪费，甚至可能将人们的生命置于危险之中，并强化了数据中的陈旧观念。作为数据达人，你应该提出正确的问题，学会对现有的数据进行争论，甚至展开关于数据的“犀利”对话。有了阅读本书所打下的基础，你一定可以胜任与数据相关的工作！

术 语 表

中文	英文
A/B 测试	A/B tests/experiments
ANI(弱人工智能)	ANI (artificial narrow intelligence)
k-近邻	*k*-nearest neighbor
k-均值聚类	*k*-means clustering
Lasso 回归	LASSO
N 元模型	N-grams
P 值黑客	P-hacking
R 软件	R software
A	
埃姆斯住房数据	Ames Housing Data
案例分析	case studies
B	
贝叶斯定律	Bayes' Theorem
变量	variables
表示方法	notation
表现	performance
波动	variation
不具代表性的训练数据集	non-representative training data
不具代表性的样本	non-representative sample
不可数名词	mass noun
C	
猜测	guessing

对数概率	log odds
多个事件	multiple event
多类分类	multiclass classification
多数类	majority class
多重共线性	multicollinearity
E	
二分类	binary classification
二项式回归	binomial regression
二元词法模型	bigram
F	
方法论中心	methodology focus
非结构化数据	unstructured data
肺癌	lung cancer
分类模型	classification model
分类数据	categorical data
分类与回归树	CART（Classification and Regression Trees）
负担能力指标	affordability metric
复合特征	composite features
G	
概率	probabilities
概率相乘	multiplying probabilities
沟通障碍	communication breakdowns
谷歌	Google
故事时间情境	Storytime scene
关键字云/词云	word clouds
关于数据的争论	arguing，with data

观测数据	observational data
管理者	managers
过高的预期	inflated expectation
过拟合	overfitting
H	
行	rows
很浅的决策树	shallow tree
灰度图像	grayscale images
回旋余地	wiggle room
汇总统计	summary statistics
混淆	confounding
混淆矩阵	confusion matrices
J	
机器学习	machine learning
基于统计学的假设	assumptions，underlying in statistics
集成方法	ensemble methods
计算(离散)数据	count (discrete) data
纪录	records
技术	technologies
假设独立	assuming independence
假阳性错误	false positive error
假阴性错误	false negative error
价值	values
价值的直观感受	intuitive sense of values
间隔	interval
监督学习/有监督学习	supervised learning
健壮性	robustness

降维	dimensionality reduction
交付中心	deliverable focus
校准	calibration
结构化数据	structured data
聚类	clustering
卷积神经网络	convolutional neural networks
决策截止	decision cutoff
决策树	decision trees
绝对值	absolute value
均值回归	regression to the mean
K	
开源软件	open source technologies
可解释性	interpretability
可视化	visualization
客户感知场景	Customer Perception scenario
L	
拉普拉斯校正	Laplace correction
累积概率	cumulative probability
离群值	outliers
利益相关者	stakeholders
连续数据	continuous data
脸书	Facebook
聊天机器人	Chatbots
列	columns
零假设	null hypothesis
零售区间	retail locations
岭回归	Ridge Regression

领导者	leaders
伦理	ethics
逻辑回归	logistic regression
逻辑损失	logistic loss
M	
每加仑英里数	miles-per-gallon (MPG)
美国房地产信息查询网站	Zillow
美国航空航天局	NASA
描述性统计	descriptive statistics
目前最高水平的计算机算力	state-of-the-art computational power
N	
努力偏差(沉没成本谬误)	effort bias (Sunk Cost Fallacy)
O	
欧洲核子研究组织	CERN (European Organization for Nuclear Research)
P	
皮尔逊相关系数	Pearson correlation coefficient
偏差	bias
平衡决策错误	balancing decision errors
平均法	"law of averages"
平均值	average/mean
苹果公司	Apple
朴素贝叶斯	Naïve Bayes

Q

期望	expectations
迁移学习	transfer learning
潜在的陷阱	potential traps
情绪分析	sentiment analysis
趋势度量	measures of tendency
确认偏误	confirmation bias

R

人工智能	AI (artificial intelligence)

S

散点图	scatter plots
设立预期	setting expectations
深层假象	“deep fakes”
深度学习	deep learning
神经网络	neural networks
肾癌发病率分析	Kidney-Cancer Rates case study
时间规划	timelines
实际考量	practical considerations
实际中的重要性	practical significance
实验数据	experimental data
事无巨细型管理	micromanaging
适应问题	adapting questions
数据	data
数据(同 data)	datum
数据策略	data strategy
数据存在	presence of data
数据达人	Data Heads

数据点　data point

数据点恐龙　datasaurus

数据个性　data personalities

数据愤青　data cynics

数据集　datasets

数据集分割　splitting data

数据结构　data structure

数据可视化　data visualization

数据狂热者　Data Enthusiasts

数据偏差　data bias

数据缺失　missing data

数据所有权　ownership of data

数据泄露　data leakage

数学常数　mathematical constant

数值变量　numerical data

思维方式　mindset

算法偏差　algorithmic bias

随机波动　random variation

随机森林　random forests

T

探索性数据分析　EDA（exploratory data analysis)

探索性心态　exploratory

特征　features

特征工程　feature engineering

梯度提升树　gradient boosted trees

提问　asking questions

替代假说　alternative hypothesis

挑战现状	challenging status quo
条件概率	conditional probability
条件概率倒置	swapping dependencies
条形图	bar charts
通用人工智能	AGI (artificial general intelligence)
统计检验	statistical test
统计思维	statistical thinking
统计推断	statistical inference
统计误区	statistical pitfalls
图像	images
图形处理器	GPUs (graphical processing units)
推论	inference
推论统计	inferential statistics
W	
外推法	extrapolation
微软	Microsoft
未分类的偏差	uncategorized bias
位置度量	measures of location
文本分类	text classification
文本分析	text analytics
文本到文本	Text-to-Text
文本转换语音	Text-to-Speech
文档-术语矩阵	document-term matrix
沃森(超级计算机)	Watson
无监督学习	unsupervised learning
误区	pitfalls

X

吸烟	smoking
显著性水平	significance level
线性	linearity
线性回归	linear regression
线性组合	linear combination
相等假设	assuming equivalence
相关性	correlation
箱线图	box-and-whisker plots
箱形图	box plots
项目	projects
项目完成度	project doneness
小概率事件	rare events
效率	efficiency
辛普森悖论	Simpson's Paradox
信任度	confidence level
幸存者偏差	survivorship bias
序列	sequences
序列树	sequential trees
循环神经网络	recurrent neural networks
训练数据集	training data

Y

亚马逊公司	Amazon
样本量	sample size
遗漏变量	omitted variables
因果关系	causal relationships
因果关系假设	assuming causality

因果假设	causation assuming
隐藏分组	hidden groups
影响规模	effect size
用数字表示文本	text becoming numbers
语音转换文字	Speech-to-Text
元组(也称数组)	tuples
Z	
折线图	line charts
真阳率	true positive rate
真阴率	true negative rate
证据	evidence
政治民调	political polling
直方图	histograms
直觉	intuition
指导性问题	guiding questions
置信区间	confidence intervals
中位数	median
众数	mode
主成分分析	principal component analysis
主题模型	topic modeling
准确率	accuracy
自然语言处理	Natural Language Processing (NLP)
最小二乘法回归	least squares regression